kosmos Naturführer

S. Pfennig

Der Kosmos Edelsteinführer

Rudolf Ďuďa • Luboš Rejl

Der Kosmos Edelsteinführer

Edel- und Schmucksteine der Welt und ihre Eigenschaften

Aus dem Tschechischen übertragen von Peter Zieschang

Kosmos

Aus dem Tschechischen übertragen von Peter Zieschang.
Titel der Originalausgabe: „Svět drahých kamenů", erschienen bei Granit, unter ISBN 80-85805-47-2,

Mit 260 Farbfotos, 14 Farbzeichnungen und 22 Schwarzweiß-Zeichnungen.

Unser Dank gilt allen Privatsammlern und Institutionen, die es uns ermöglichten, Fotografien von den Objekten ihrer Sammlungen zu veröffentlichen.

Vorsätze: Leopardenjaspis, Mexiko.
Farbabbildungen auf den einleitenden Seiten: Elbaitkristall auf Quarz, 32 mm, Minas Gerais (S. 2). Schnitte durch Elbaitkristalle, „Watermelon-Turmaline", Brasilien (S. 3). Moosachat, Doubravice bei Jičín, Tschechische Republik (S. 4). Achat mit Amethyst, Horní Halže, Tschechische Republik (S. 6). Geschliffener Malachit, Ural, Rußland (S. 7). Verschiedenfarbige Trommelsteine (S. 22).

Umschlaggestaltung von Atelier Reichert, Stuttgart, unter Verwendung von Fotografien von Jeff Scovil.

Die Deutsche Bibliothek – CIP-Einheitsaufnahme

Der **Kosmos-Edelsteinführer**: Edel- und Schmucksteine der Welt und ihre Eigenschaften/ Rudolf Ďuďa; Luboš Rejl. Aus dem Tschech. übertr. von Peter Zieschang. – Stuttgart: Kosmos, 1997
Einheitssacht.: Svět drahých kamenů <dt.> ISBN 3-440-07481-1

Für die deutschsprachige Ausgabe:

ISBN 3-440-07481-1/Lektorat: Dr. Gertrud Marotz/Herstellung: Heiderose Stetter
Printed in Czech Republic/Imprimé en République tchèque
Satz: STAPS Prag, Tschechische Republik/Druck: LIBERTAS, a. s., Prag, Tschechische Republik.
06/08/02/01

Inhalt

Zu diesem Buch

Dieses Buch ist nicht nur den Kennern von Edelsteinen – den Gemmologen, Mineralogen, Juwelieren, Sammlern und Händlern – bestimmt, sondern auch allen, denen Edelsteine nur gelegentlich begegnen, sei es in Schmuckstücken, bei Ausstellungen oder in verschiedenen Publikationen. Es ist in drei Teile gegliedert. Der einleitende Teil führt allgemein in die Begriffsdefinition, Benennung, Einteilung und Eigenschaften der Edelsteine ein und ist in gewissem Sinne auch eine Anleitung zur Bestimmung, Bearbeitung und Pflege. Der Anschaulichkeit wegen ist der Text durch instruktive Zeichnungen ergänzt. Den Hauptteil des Buchs bildet die eigentliche Monographie der Edelsteine. Hier werden vor allem die chemischen und physikalischen Eigenschaften genannt, ebenso die Geschichte, Genese, Fundorte und die Art der Bearbeitung. Desgleichen werden die vermuteten Heilwirkungen der Edelsteine und die Möglichkeiten der Pflege erwähnt. Der Schlußteil enthält Vergleichstabellen, empfohlene Literatur und das Register.
Die Eigenschaften sind so zu Komplexen zusammengefaßt, daß der Leser Edelsteine durch visuelle Betrachtung oder mit Hilfe einfacher Labormethoden bestimmen und einordnen kann.

Definition des Begriffs „Edelstein"

Als Edelsteine galten in historischer Zeit Steine, die den Menschen vor allem durch ihr außergewöhnliches Aussehen, ihren Glanz, ihre Farbe, Durchsichtigkeit, Widerstandsfähigkeit oder ihre Seltenheit fesselten. Es waren Steine, die neben ihrer ästhetischen Wirkung nutzbringende und kommerzielle Anforderungen und Ziele erfüllten. Später wurden hier aber auch Steine eingeordnet, denen einige dieser Eigenschaften völlig fehlten. Sie entsprachen lediglich der Mode, waren geheimnisvoll oder charakterisierten provinzielle Interessen. Dieser Trend veranlaßte Kenner zur Unterteilung der edlen Steine in **Edelsteine** und **Halbedelsteine**. Durch die Erweiterung der Palette der Edelsteine, in die überaus seltene Minerale und schließlich sogar Naturmaterialien organischen Ursprungs aufgenommen wurden, verwischte sich die Grenze zwischen Edelsteinen und Halbedelsteinen bald. Die Fachleute kamen daher überein, eine zusammenfassende Gruppe mit der Bezeichnung **Edelsteine** zu bilden. Ihr wurden alle Mineralien, Gesteine und auch organischen Substanzen zugeordnet, aus denen sich geschliffene Steine für Schmuck- oder Sammelzwecke herstellen lassen, die sich im natürlichen Zustand als Schmuck oder bei der Fertigung von dekorativen und kunsthandwerklichen Gegenständen, bei Mosaiken und ähnlichem verwenden lassen.

Diese Begriffsvereinfachung führte leider dazu, daß Steinen mit außergewöhnlichen Eigenschaften auch ganz gewöhnliche zugesellt wurden. Vom gemmologischen Standpunkt aus ist dies kompliziert und für die systematische Einordnung und Klassifikation – insbesondere die kommerzielle – völlig ungeeignet. Mit der Zunahme von Interessenten an dieser Problematik, durch die Vervollkommnung der Identifikationsmethoden und die Erweiterung der Anzahl an Bestimmungsmerkmalen ist es gelungen, Klassifikationen zu schaffen, bei denen die Steine nach verschiedenen Kriterien in Klassen beziehungsweise in Schmucksteine, Schmuck-Dekorationssteine, Dekorationssteine usw. eingeteilt werden. Zu den zutreffendsten und praktischsten Klassifikationsmethoden gehört die Einteilung in **Edelsteine im eigentlichen Sinn** (gelber Farbcode), **Edelsteine im weiteren Sinn** (grüner Code), **Schmucksteine** (Code ocker), **Raritäten** (d. h. Sammlersteine; violetter Farbcode) und **synthetische Edelsteine**. Diese Einteilung wird auch in der vorliegenden Publikation beibehalten.

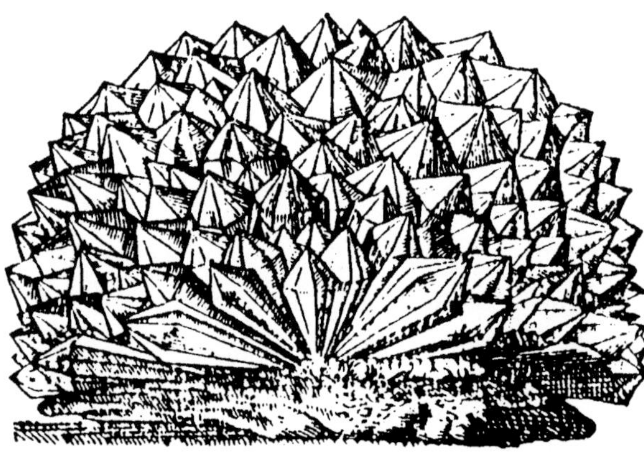

Die Benennung des Edelsteins, seine chemische Formel

Die hier verwendeten Bezeichnungen der Edelsteine entsprechen der internationalen Terminologie. Die meisten älteren Namen der Edelsteine sind von ihrer Farbe, ihrer Form oder Zusammensetzung, gegebenenfalls auch von der Kombination dieser Eigenschaften abgeleitet. Sie werden griechisch, lateinisch, arabisch, türkisch, deutsch und in einigen asiatischen Sprachen (meistens nach dem Fundort) angeführt. Neuere Bezeichnungen beruhen vor allem auf geographischen Namen und gehen auf Namen von Organisationen, bedeutenden Persönlichkeiten und ähnliches zurück. Die chemischen Formeln wurden aus den Mineralogischen Tabellen von Hugo Strunz (1982) übernommen. Bei kristallisierten Mineralien ist die typische Kristallform dargestellt. Die Symbole in der Leiste unter der Überschrift bzw. chemischen Formel und Namensherkunft bezeichnen die Bearbeitungsarten und die für den entsprechenden Stein charakteristischen Eigenschaften.

Makroskopisch feststellbare Eigenschaften

Die Farbe

Zu den wesentlichen, schon mit dem bloßen Auge wahrnehmbaren Kennzeichen der meisten Edelsteine gehört zweifellos die Farbe. Oft bestimmt sie in Abhängigkeit von der Mode (Wechsel von Rot, Grün, Violett, Blau, Rosa) oder der Lokalität (z.B. Arabien: blaue Steine, Mittelamerika: grüne Steine) den Wert eines Steins und wurde zum entscheidenden Auswahlkriterium. Bei einigen Edelsteinen bezieht der Name sich auf die entsprechende Farbe (z.B. beim Aquamarin oder beim Albit). Obwohl einige Edelsteintypen verschiedene Farben aufweisen, was bei der Identifikation irreführen kann, gehört die Farbe – wenigstens bei der primären Identifikation – zu den charakteristischen Bestimmungsmerkmalen. Vom physikalischen Standpunkt aus unterteilt man die Edelsteine nach der Farbe in:

farblos oder achromatisch (z.B. Diamant, Bergkristall); der Lichtstrahl durchdringt den Stein ohne Absorption bestimmter Wellenlängen;

farbig oder idiochromatisch (z.B. Malachit, Rhodonit); die Farbe wird durch die Anwesenheit eines bestimmten Elements hervorgerufen, das Bestandteil des Edelsteins ist; es ist in der chemischen Formel spezifiziert (z.B. bei Malachit ist es Kupfer, bei Rhodonit Mangan);

gefärbt oder allochromatisch (z.B. Amethyst, Rubin); die Färbung entsteht durch die Beimischung bestimmter Spurenelemente, die in der chemischen Formel nicht angegeben werden;

scheinfarbig, schillernd oder pseudochromatisch; die Farbe wird durch verschiedene optische Effekte hervorgerufen. Hierzu gehören etwa das Irisieren, die Effekte von Tiger-, Falken- und Katzenaugen, der Asterismus, das Opaleszieren, das Aventurisieren, das Adularisieren und das Labradorisieren. Auch andere, durch den inneren Aufbau der Kristalle verursachte optische Farbeffekte zählen dazu, so die Bildung von Zonen oder Streifen.

Die Intensität der Farbe wird bei Edelsteinen oft von zahlreichen Nebenfaktoren beeinträchtigt, etwa durch die Einwirkung von ultravioletter oder radioaktiver Strahlung, von Wärme, Verwitterung, Dehydratation, die Absorption von Fremdstoffen und dergleichen. Diese Prozesse können die Farbe manchmal positiv beeinflussen, führen aber meist zu einer Abschwächung.

Die Durchsichtigkeit (Transparenz)

Es handelt sich hierbei im wesentlichen um die Lichtdurchlässigkeit des Steins. Sie hängt vor allem vom Aufbau der Kristalle ab. Zu Transparenzabschwächungen kommt es insbesondere durch die Farbintensität, durch Inklusionen, Risse oder durch Verwitterungserscheinungen.

Nach der Transparenz unterscheiden wir **durchsichtige, halbdurchsichtige, durchscheinende, undurchsichtige** (opake) **Steine**.

Achtung! Bestrahlung, Wärmeeinwirkung und mechanische Beschädigungen beeinträchtigen die

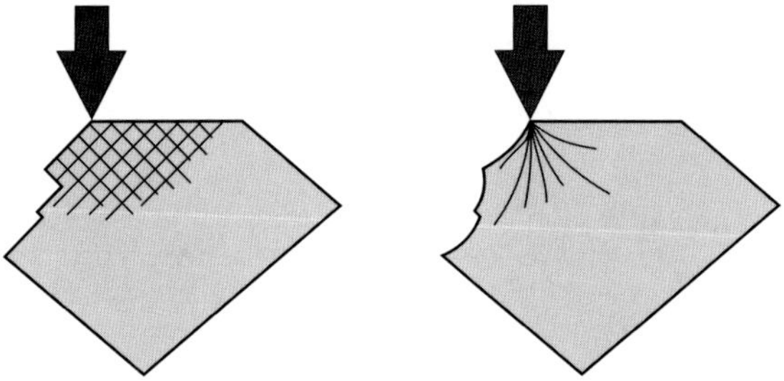

Schematische Darstellung des Unterschieds zwischen Spaltbarkeit (links) und Bruch (rechts).

Transparenz der Steine. Der Transparenzgrad beeinflußt nicht nur Qualität und Preis, sondern ist auch für die Bearbeitungsart entscheidend (wie Facettenschliff, Glattschliff, plastischen Schliff).

Der Glanz

Der Glanz entsteht durch Reflexion und Streuung des Lichts an der Oberfläche des Steins oder unmittelbar darunter. Er hängt vom Brechungsindex, der Absorption, der Transparenz und der Oberflächenbeschaffenheit ab; auch die Farbe hat einen Einfluß. Wir unterscheiden **Metallglanz** (z.B. bei Gold), **halbmetallischen Glanz** (z.B. bei Cuprit), **Diamantglanz** (z.B. bei Diamant) und **Glasglanz** (z.B. bei Saphir), **Fett-** (z.B. bei Cordierit), **Perlmutter-** (z.B. bei Glimmer) und **Seidenglanz** (z.B. bei Selenit). Der Glanz gehört zu den wichtigen Eigenschaften der Edelsteine. Er ist für die Wahl des Schlifftyps oder der Verarbeitungsart ausschlaggebend.

Die Spaltbarkeit

Die Spaltbarkeit ist die Eigenschaft der Mineralien, durch mechanische Einwirkung in bestimmten gesetzmäßigen Richtungen zu zerfallen. Es sind jedoch Spaltbarkeit und Teilbarkeit bzw. Absonderung zu unterscheiden (Zwillingsverwachsungen, regelmäßige Verteilung von Inklusionen). Die Teilbarkeit erhöht sich mit fortschreitender Verwitterung (z.B. Korund).
Die Spaltbarkeit ist vom inneren Bau der Mineralien abhängig und für ein bestimmtes Mineral immer feststehend. In der Praxis unterscheidet man eine **höchst vollkommene**, **vollkommene**, **gute**, **deutliche** (unvollkommene), **undeutliche** (sehr unvollkommene) und **angedeutete** (keine) Spaltbarkeit. Das Wissen um die Spaltbarkeit ermöglicht eine richtige Selektion und Orientierung der Steine vor dem Schleifen. Eine gute Spaltbarkeit wird bei Edelsteinen in der Regel von Perlmutterglanz, die undeutliche (unvollkommene) Spaltbarkeit von Glasglanz begleitet. Steine mit höchst vollkommener bis guter Spaltbarkeit müssen vor mechanischer Beschädigung geschützt werden.

Der Bruch

Nicht spaltbare Edelsteine weisen einen Bruch auf. Wir unterscheiden **muscheligen** (z.B. bei Quarz), **unebenen** (z.B. bei Markasit), **splittrigen** (z.B. bei Granat) und **hakigen** Bruch (z.B. bei Silber).

Das Kristallsystem

Ein gutes makroskopisches Bestimmungsmerkmal für nicht bearbeitete Natursteine kann auch die Feststellung ihrer charakteristischen Morphologie oder ihres Kristallsystems sein.
Die meisten Edelsteine kommen in der Natur in Kristallen vor. Die Form der Kristalle und die entscheidenden physikalischen und optischen Eigenschaften der Edelsteine werden vom inneren Bau der Kristalle und der chemischen Bindung, dem Kristallgitter, bedingt. Ein Kristall wird von Flächen, Kanten und Ecken gebildet, deren Beziehungen (Winkel) zueinander konstant sind, und das nicht nur bei dem einzelnen Kristall. Diese übereinstimmende Symmetrie tritt bei allen Kristallen des gleichen Typs auf. Die äußere Symmetrie wird durch Symmetrieelemente (Drehungsachsen, Spiegelebenen, das Inversionszentrum, Drehinversionsachsen) festgelegt. Die Kombination dieser Symmetrieelemente ergibt 32 Kristallklassen, die sich auf 7 Kristallsysteme verteilen. Es sind dies das **trikline, monokline, orthorhombische, tetragonale, trigonale, hexagonale** und **kubische System**.
Vereinfacht läßt sich sagen, daß beim **triklinen** (dreifach geneigten) System das Achsenkreuz aus drei verschieden langen Achsen besteht, die miteinander keine rechten Winkel bilden. Typische Vertreter dieses Systems sind Kyanit und Rhodonit. Beim **monoklinen** (einfach geneigten) System sind die drei Achsen ebenfalls verschieden lang,

eine der Achsen bildet jedoch mit der Senkrechten einen rechten Winkel. Typische Vertreter sind Gips und Orthoklas. Die Kristalle des **orthorhombischen** (rautenförmigen) Systems haben drei verschieden lange Achsen, die senkrecht zueinander stehen. Ein Beispiel für dieses System ist der Olivin. Beim **tetragonalen** (viereckigen) System stehen ebenfalls alle drei Achsen senkrecht zueinander, die beiden in der waagrechten Ebene liegenden Achsen sind dabei gleich lang. Ein Vertreter des tetragonalen Systems ist der Zirkon. Für das **hexagonale** (sechseckige) System ist ein vierachsiges Kreuz typisch, die drei waagrechten Achsen sind gleich lang, und schließen untereinander Winkel von 120° und mit der senkrechten Achse rechte Winkel ein. Das hexagonale System zeigen z.B. Beryll und Apatit. Das **trigonale** oder **rhomboedrische** (dreieckige) System weist den gleichen Achsenkreuztyp auf wie das hexagonale System. Die Symmetrie des Systems zur senkrechten Achse verringert sich jedoch von der Sechszähligkeit auf die Dreizähligkeit. Es läßt sich auch mit einem Achsenkreuz beschreiben, das drei gleich lange Achsen aufweist, die miteinander gleiche, jedoch keine rechten Winkel bilden. Typische Repräsentanten dieses Systems sind Turmalin, Quarz oder Calcit. Für das **kubische** (würfelige) System ist ein Kreuz mit drei gleich langen Achsen kennzeichnend, die senkrecht zueinander stehen. Hierher gehören etwa der Diamant und der Granat.

Die sieben Kristallsysteme und Beispiele für einfache Formen. Die kristallographischen Achsen sind dicklinig dargestellt. Zur besseren Orientierung ist das Achsenkreuz des rechtwinkligen Koordinatensystems (blau) immer so angeordnet, daß sein Ausgangspunkt in der Mitte des Kristallsystems zu liegen kommt.

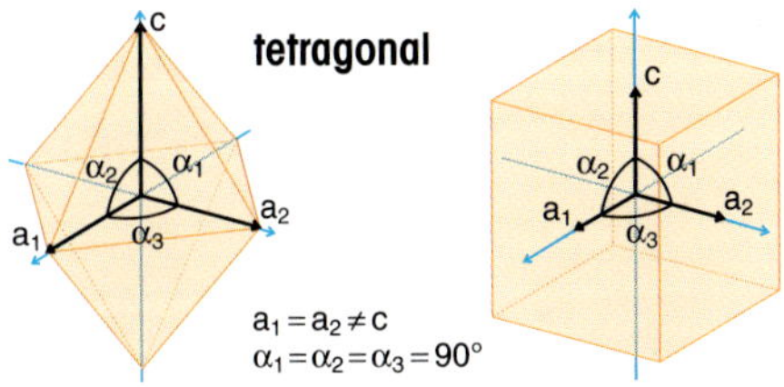

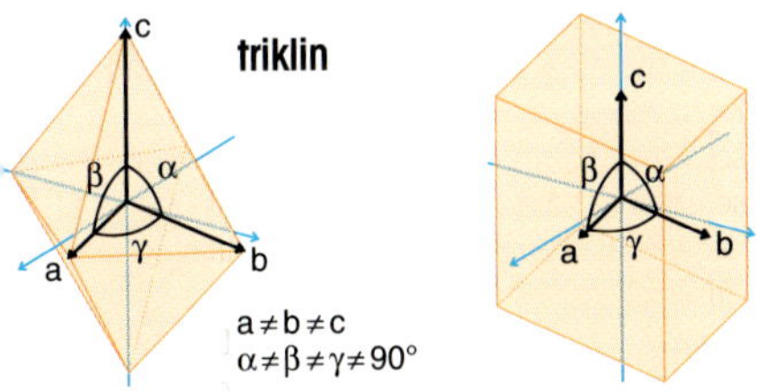

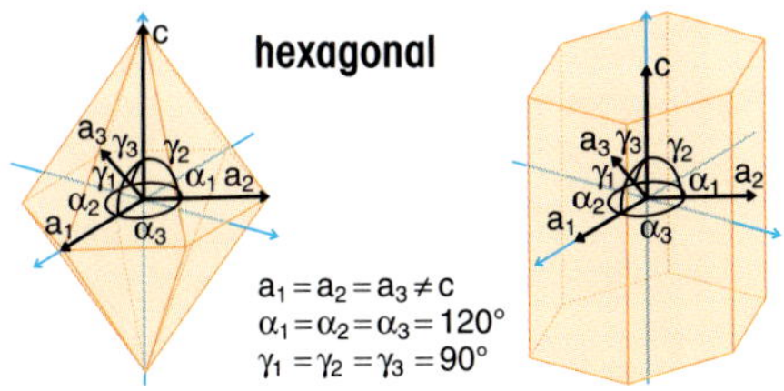

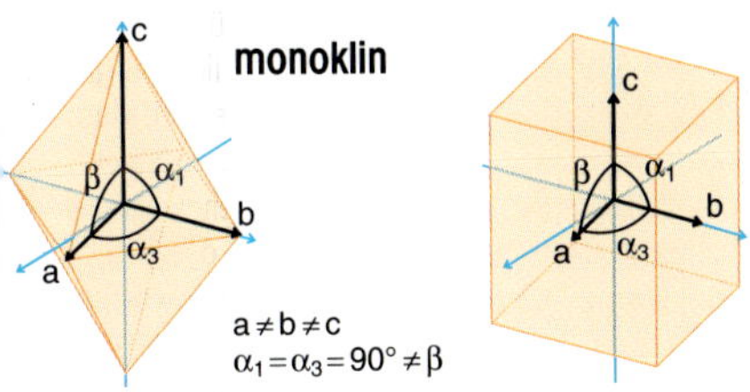

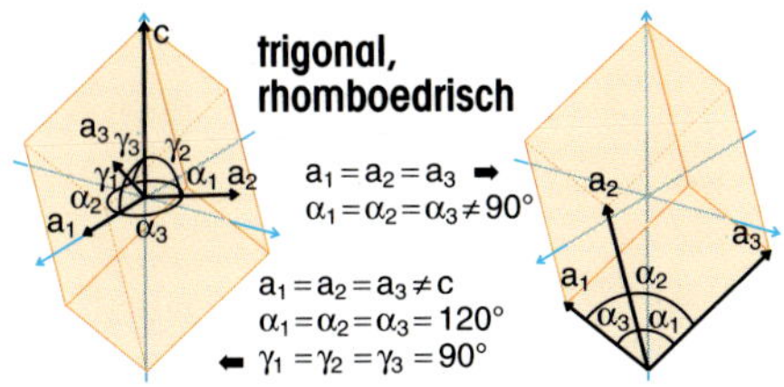

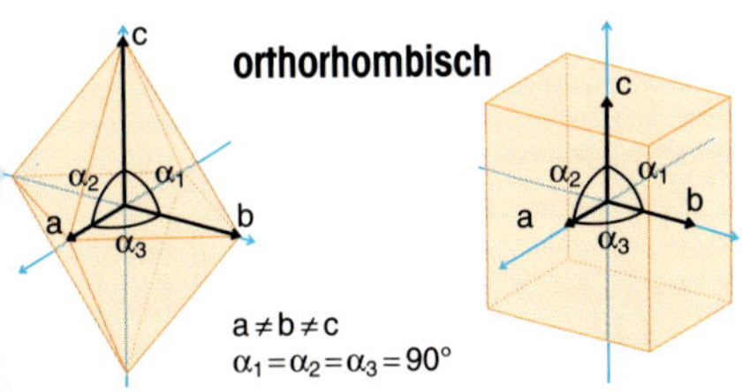

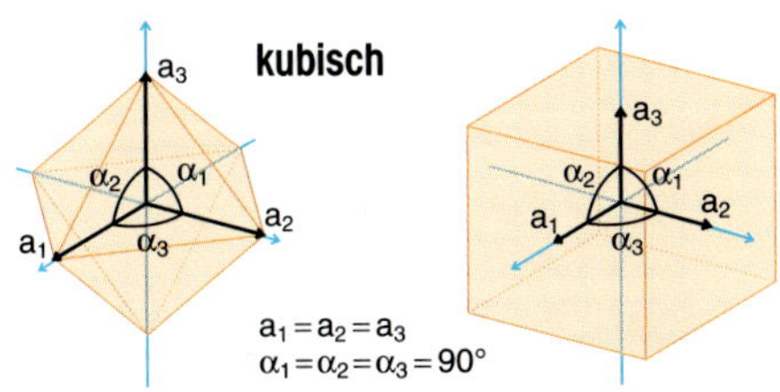

Die Morphologie

Der innere Aufbau der Kristalle und die Genese sind entscheidende Faktoren für das Entstehen einer bestimmten morphologischen Form des Edelsteins. Die Form ist neben der Qualität und dem Typ des Edelsteins ein entscheidendes Kriterium bei der Wahl der Verwendungsart als Schmuckstein oder des Schliffmusters. Unter idealen Bedingungen haben sich regelmäßige Kristalle gebildet. Meistens begegnet man jedoch nur unvollkommenen Einzelexemplaren oder ihren Aggregaten. Einige Edelsteine haben keinen regelmäßigen inneren Bau, sie sind amorph (z.B. der Opal). Nach der äußeren Gestalt, dem Habitus, spricht man bei Kristallen von **isometrischen** Formen (z.B. Diamant, Granat), **in einer Richtung gestreckten,** d.h. säuligen Formen (z.B. Turmalin), **in zwei Richtungen gestreckten**, also tafeligen (z.B. Baryt) oder blättrigen Formen (z.B. Lepidolith), und von **Übergangsformen,** wie faßartigen Formen (z.B. Saphir). Zu den morphologischen Kennzeichen der Edelsteine zählen auch die Verwachsungen von zwei oder mehreren Kristallen (z.B. Staurolith). Bei der Schmuckherstellung werden oft Aggregate von Edelsteinen verwendet, etwa körnige, kompakte, stengelige, blättrige, oolithische, gesinterte und kollomorphe.

Mit einfachen Instrumenten feststellbare Eigenschaften

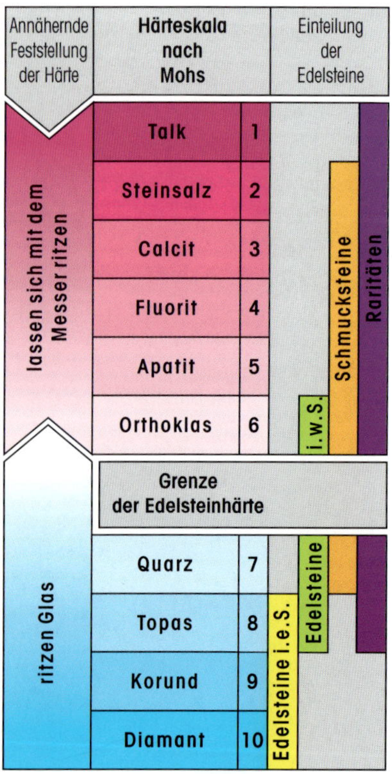

Härte

Die Härte ist im wesentlichen der Grad des Widerstandes, den der Stein dem Eindringen eines anderen Materials entgegensetzt. Der entscheidende Faktor ist dabei die Art des Kristallgitters. Es wurden mehrere Härteskalen geschaffen, am bekanntesten ist die sogenannte „Mohssche Härteskala". Bei der Härteprüfung muß man darauf achten, daß geschliffene Flächen oder Kanten und Ecken keine Schäden erleiden.

Strich

Bestimmend ist die Farbe des feinen Pulvers, das durch den Abrieb (den Strich) eines Edelsteins auf einer unglasierten Porzellantafel oder durch das Ritzen desselben mit einem harten Gegenstand gewonnen wird. Der Strich kann mit der Farbe des Steins übereinstimmen (meistens bei farbigen Steinen) oder völlig davon abweichen (z.B. ist er beim Pyrit schwarz). Gefärbte Steine haben in der Regel einen weißen oder sehr hellen Strich. Vorsicht vor der Beschädigung von geschliffenen Flächen, Kanten und Ecken!

Mohssche Härteskala.
Die Härte nimmt durch Verwitterung, Inklusionen, Beimischungen, Kristallverwachsungen und die Spaltbarkeit ab. (Abkürzungen: i.e.S. = im eigentlichen Sinn; i. w. S. = im weiteren Sinn.)

Beispiel für die Feststellung der Dichte mit Hilfe der Suspensionsmethode
1 – Quarz
2 – Smaragd
3 – Danburit
4 – Diamant
5 – Rubin

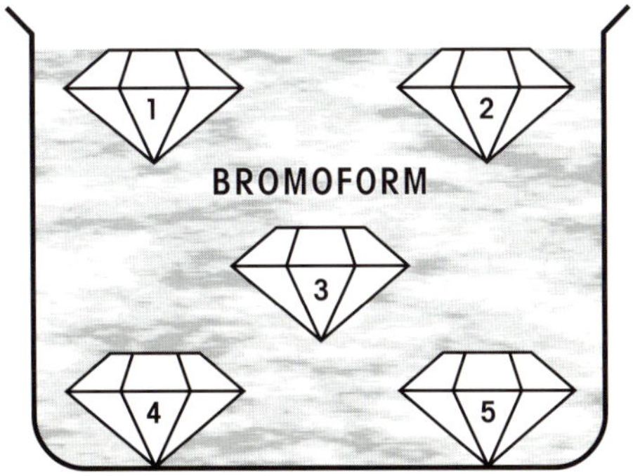

Dichte (spezifisches Gewicht)
Unter der Dichte versteht man das Verhältnis des Gewichts eines Edelsteins zu seinem Volumen. In Anbetracht dessen, daß die Dichte bei einem bestimmten Edelstein nur geringfügig schwankt, ist sie als Bestimmungskonstante anzusehen. Für eine rasche und verhältnismäßig genaue Bestimmung verwendet man die sogenannte „Suspensionsmethode", bei der die relative Dichte des Steins zu einer standardisierten Flüssigkeit festgestellt wird. Der Vorteil dieser Methode besteht darin, daß sie schnell zum Ziel führt und das Material nicht beschädigt wird. Der Stein wird in eine Flüssigkeit mit bekannter Dichte gelegt. Schwimmt er, hat er eine geringere Dichte, sinkt er zu Boden, ist seine Dichte größer als die der Flüssigkeit. Durch eine geeignete Auswahl von Flüssigkeiten läßt sich ein breites Spektrum von Edelsteindichten unterscheiden. Für die genaue Bestimmung der Dichte wird die Methode des zweifachen Wiegens (Wiegen an der Luft und im Wasser) verwendet.

Lichtbrechungsindex
Beim Einfall und dem Eindringen eines Lichtstrahls unter einem bestimmten Winkel aus einem optisch weniger dichten (z.B. Luft) in ein optisch dichteres Medium (Edelstein) kommt es zur Lichtbrechung. Fällt der Lichtstrahl senkrecht auf die gegebene Fläche, tritt keine Brechung ein. Der Wert der Brechung (der Brechungsindex) ist für einen bestimmten, physikalisch und chemisch definierten Edelstein konstant. Er gehört also zu den sehr guten Identifikationsmerkmalen.
Da die Meßmethode zur Bestimmung des Brechungsindex nicht destruktiv ist, kommt sie vor allem bei der Identifikation geschliffener Steine zur Anwendung. Der Brechungsindex beeinflußt auch die Wahl des richtigen Schliffs entscheidend. Der Lichtstrahl muß in den facettierten Stein eindringen, innen reflektiert werden und wieder austreten. Erst damit ist eine richtige Brillanz garantiert – der Stein strahlt.

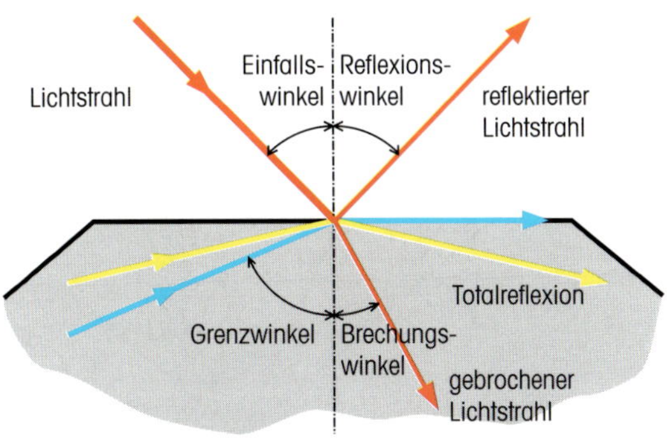

Reflexion und Brechung des Lichts. Das optisch dichtere Medium (Stein) ist mit grauer Farbe gekennzeichnet.

Doppelbrechung

Durch ihr optisches Verhalten lassen Edelsteine (allgemein Mineralien bzw. sämtliche durchsichtige Feststoffe) sich in optisch isotrope und optisch anisotrope Steine einteilen. Dringt ein Lichtstrahl durch isotrope und amorphe Steine, wird er zwar gebrochen, aber die Lichtgeschwindigkeit ist in allen Richtungen gleich. In anisotropen Steinen spaltet er sich in zwei unterschiedlich polarisierte Strahlen mit verschiedener Lichtgeschwindigkeit – es tritt Doppelbrechung auf. Bei einachsigen Mineralien unterscheidet man in bezug auf ihre optische Orientierung zwei Hauptbrechungsindizes (N_o und N_e), bei zweiachsigen drei Brechungsindizes (N_p, N_m, N_g). In Richtung der optischen Achsen kommt es nicht zur Doppelbrechung. Die Doppelbrechung ist ebenfalls ein im Labor meßbares Identifikationsmerkmal. Eine markante, auch makroskopisch sichtbare Doppelbrechung tritt z.B. bei Calcit und Zirkon auf. Sie ist beim Schleifen zu berücksichtigen. Bei den meisten Edelsteinen ist die Doppelbrechung sehr gering und vernachlässigbar.

Dispersion

Beim Durchgang von weißem Licht (z.B. Tageslicht) durch einen transparenten facettierten Stein kommt es zur Zerlegung des Lichtstrahls in die einzelnen Spektralfarben, die durch verschiedene Brechungsindizes charakterisiert sind. Diese Erscheinung nennt man Dispersion. Sie ist beim Diamanten und Zirkon besonders auffallend und wird bei den Edelsteinen hoch geschätzt. Achtung! Hohe Dispersion weisen auch einige synthetische Steine auf, die den Diamanten imitieren (Cubic Zirconia, YAG u.a.)

Pleochroismus

Bei Edelsteinen mit Doppelbrechung wird das Licht in der Beziehung zu den optischen Achsen unterschiedlich absorbiert, so daß sich in der Richtung der Achse und senkrecht dazu verschiedene Farben beobachten lassen – dies nennt man Pleochroismus. Bei einachsigen Kristallen tritt Zweifarbigkeit (Dichroismus) auf, z.B. bei Turmalin und Beryll, bei zweiachsigen Kristallen ist es Dreifarbigkeit (Trichroismus), z.B. bei Cordierit und Kunzit. Wir unterscheiden **starken, deutlichen** und **schwachen** Pleochroismus. Bei den meisten Edelsteinen ist der Pleochroismus makroskopisch jedoch undeutlich. Bei Edelsteinen mit starkem Pleochroismus ist es mit geeigneter Schliffanordnung in bezug auf die optischen Achsen möglich, diese Erscheinung wunschgemäß abzuschwächen oder zu betonen.

Lumineszenz

Das ist der Sammelbegriff für das Aufleuchten eines Stoffes, das unter Einwirkung verschiedener Arten von Energie (z.B. Strahlung) entsteht. Fluoreszenz ist eine Lumineszenz, die durch ultraviolette Strahlung hervorgerufen wird und nur so lange dauert wie die Bestrahlung selbst. Von Phosphoreszenz spricht man, wenn ein Aufleuchten nach der Erregung feststellbar ist (Nachleuchten). Die Lumineszenz wird durch die Anwesenheit geringer Beimischungen bestimmter Metalle verursacht. Sie können bei Edelsteinen des gleichen Typs verschiedenfarbige Lumineszenz hervorrufen. Dieser Anomalie bedient man sich oft zur Unterscheidung gleicher Edelsteine verschiedener Fundorte.

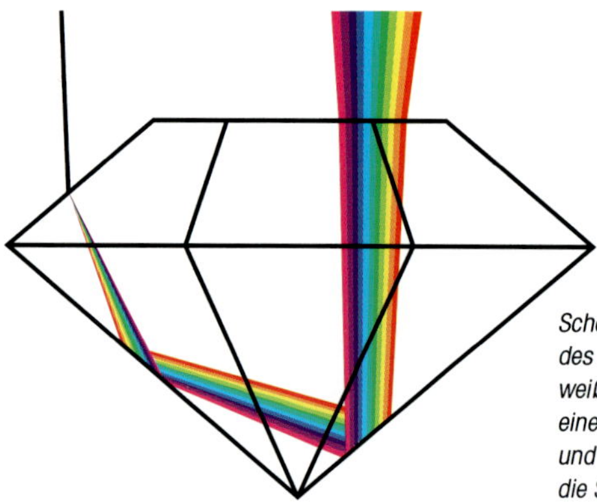

Schematische Darstellung des Durchgangs eines weißen Lichtstrahls durch einen geschliffenen Stein und seiner Zerlegung in die Spektralfarben.

„Veredelung"

Die „Veredelung" ist ein Prozeß, bei dem es ohne Veränderungen der ursprünglichen chemischen Zusammensetzung, beziehungsweise es ohne grundsätzliche Eingriffe in die physikalischen Eigenschaften zu einer ästhetischen Betonung, zu einer Aufwertung, des Erscheinungsbilds des Edelsteins kommt. Meistens wird die Farbe des Steins hervorgehoben oder abgeschwächt, oder es werden kleine Mängel, wie Sprünge, Fahnen, Poren u. ä., retuschiert. Der vielleicht bekannteste Veredelungsprozeß ist das Färben der Achate und Chalcedone. Geeignete poröse Steine werden mit Farbstoffen oder anderen Reagenzien getränkt, die die gewünschte Farbe entweder direkt oder durch Einwirkung der Laugen, Säuren oder Wärme hervorrufen. Eine Intensivierung (bei Aquamarin, Saphir), Abschwächung (bei Morion, Rauchquarz) oder sogar Veränderung (bei Turmalin, Zirkon) der Farbe kann durch direkte Wärmebehandlung auftreten. In jüngerer Zeit verwendet man zur Intensivierung der Farben von Edelsteinen oft radioaktive Strahlung (Diamant, Aquamarin, Amethyst, Rauchquarz, Perlen u.a.). Bei einer Teilrekonstruktion oder Retusche wird der Edelstein bis zur Sättigung mit verschiedenen Ölen, Harzen oder anderen Reagenzien getränkt. Zur „Veredelung" läßt sich auch das Homogenisieren von Bruchstücken und Splittern einiger Edelsteine unter Druck und Wärmeeinwirkung (bei Türkis, Bernstein) zählen; es handelt sich um sogenannte „rekonstruierte" Steine. Bei Diamanten werden in neuerer Zeit mit Hilfe des Lasers Inklusionen beseitigt. Der dabei entstandene Kanal wird mit stark brechendem Spezialglas ausgefüllt.

Geschichte der Edelsteine

Die Gewinnung und Bearbeitung von Edelsteinen ist sehr alt. Archäologische Funde beweisen, daß schon in der mittleren Steinzeit, dem Mesolithikum, Interesse an edlen Steinen bestand. Im Hinblick auf die Entwicklung der Kenntnisse über Edelsteine lassen sich, weiträumig betrachtet, jedoch erhebliche Unregelmäßigkeiten feststellen. In Zentral- und Ostasien, Babylon, Mesopotamien, Ägypten und Mittelamerika befand sich die Gewinnung und Bearbeitung von Edelsteinen auf einem hohen Niveau. Große Bewunderer und Kenner von Edelsteinen waren die Griechen und nach ihnen die Römer und Byzantiner. Dies beweisen auch die ersten vollständigeren Aufzeichnungen, die sich auf diese Problematik beziehen. Im Mittel- und Nordeuropa der Zeit vor unserer Zeitrechnung blieben die Versuche zur Verarbeitung von Edelsteinen, ihrer Aufbereitung oder Anwendung als Schmuck eher vereinzelt. Eine Sonderstellung nahm der Ostseebernstein ein, mit dem in der ganzen antiken Welt reger Handel getrieben wurde. Ein anderes Beispiel sind die schwarzen Armbänder, die die keltischen Bojer aus den sogenannten „Schwarten" (einer Art Kohlenschiefer) in der Umgebung von Nové Strašecí herstellten. Vor hier aus exportierten sie sie in das ganze keltische Europa.

Zu einer deutlichen Verstärkung des Interesses an Edelsteinen auf dem europäischen Kontinent trug die Entwicklung von Handel und Wissenschaft im 15. und 16. Jahrhundert bei. Ebenso hatte die Verbindung von Edelsteinen mit verschiedenen astrologischen Zeichen, mit Aberglauben u.ä. einen gewissen Einfluß. Allgemein erreichte das Interesse an Edelsteinen seinen Höhepunkt erst im 18. und 19. Jahrhundert, als massenhaft neue Lagerstätten entdeckt oder alte, schon in Vergessenheit geratene, wiedergefunden wurden.

Gegenwärtig werden immer mehr nichttraditionelle Edelsteine verwendet. In der sich ständig ändernden Mode kommen auch solche Steine zur Geltung, die nicht immer ideale Eigenschaften aufweisen.

Astrologie und Heilung mit Edelsteinen

Auffallende oder außergewöhnliche Eigenschaften der Edelsteine und ihre ästhetischen Besonderheiten haben schon seit jeher dazu geführt, daß Edelsteine als Kultsteine Verwendung fanden. Später wurden sie auch mit verschiedenen astrologischen Zeichen, deren Stern- oder Planetenkombination verbunden. Ihre physikalischen Eigenschaften prädestinierten sie dann zur Heilbehandlung – die elektrische Leitfähigkeit zur Energieübergabe (Quarz, Turmalin), die magnetischen Eigenschaften zur Heilung rheumatischer Leiden (Hämatit) usw. Die Heilung mit Edelsteinen erfolgt durch Auflegen auf die schmerzende Stelle oder auf ein bedeutendes Energie- oder Nervenzentrum (z.B. die Chakras). Die Steine werden entweder einzeln oder in verschiedenen Kombinationen appliziert. Oft nimmt man Steine einer bestimmten Farbe. Jeder Stein, der in der Heilbe-

Zuordnung zu den astrologischen Zeichen

Tierkreiszeichen		*Babylonier*	*Araber*	*Römer*	*Juden*	*Mittelalter*
	21.3.–20.4.	Amethyst	Saphir	Saphir	Saphir	Saphir Diamant
	21.4.–20.5.	Achat	Smaragd	Achat	Chalcedon	Smaragd Chrysopras
	21.5.–21.6.	Beryll	Achat Chalcedon	Smaragd	Smaragd	Perlen Achat
	22.6.–22.7.	Smaragd	Karneol	Onyx	Onyx	Rubin Karneol
	23.7.–23.8.	Rubin	Sard-Onyx	Karneol	Karneol	Onyx Sard-Onyx
	24.8.–23.9.	Jaspis	Chrysolith	Sard-Onyx	Chrysolith	Chrysolith
	24.9.–23.10.	Diamant	Aquamarin Beryll	Aquamarin	Aquamarin	Aquamarin Opal
	24.10.–22.11.	Topas	Topas	Beryll Topas	Beryll Topas	Topas Tigerauge
	23.11.–21.12.	Türkis	Rubin	Rubin	Rubin	Zirkon Türkis
	22.12.–20.1.	Opal	Granat	Granat	Granat	Granat Rosenquarz
	21.1.–19.2.	Saphir	Amethyst	Amethyst	Amethyst	Amethyst Onyx
	20.2.–20.3.	Chrysolith	Hämatit	Hämatit	Jaspis	Turmalin Jaspis

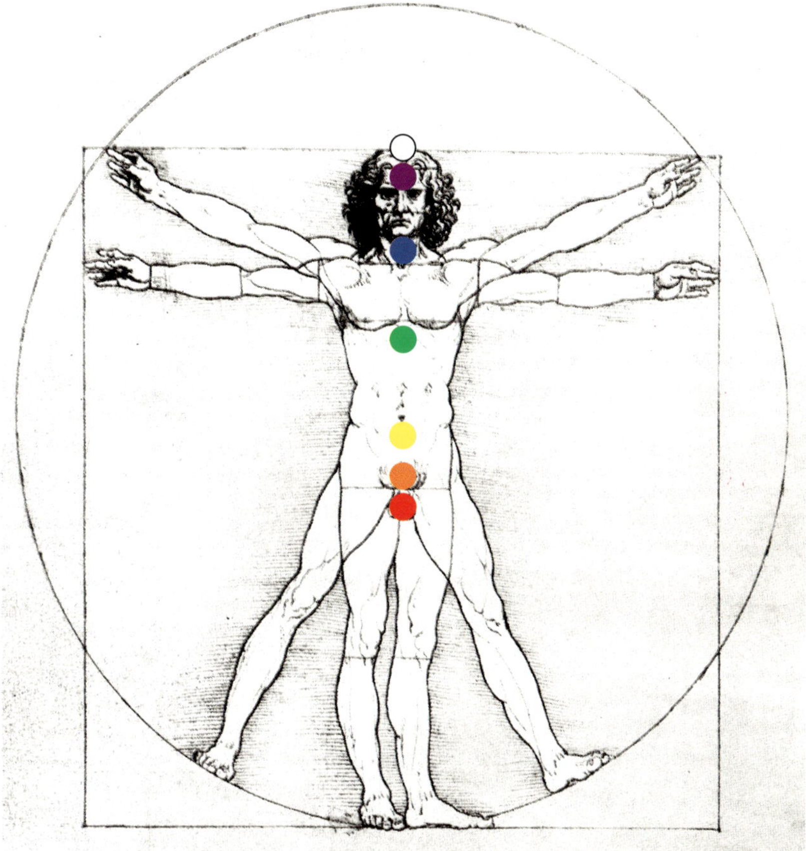

Schematisch dargestellte Anordnung der Chakras, von oben nach unten: Weiß Scheitelchakra, Violett Stirnchakra, Blau Kehlchakra, Grün Herzchakra, Gelb Nabelchakra, Orange Sakralchakra, Rot Elementarchakra.

handlung aktiv eingesetzt wird, muß von Zeit zu Zeit gereinigt werden, er muß sich entladen und wieder aufladen. In der Regel entlädt sich ein Stein im fließenden Wasser, das Aufladen geschieht im Sonnenschein. Die Applikationsweise und die Auswahl der Steine werden in zahlreichen Publikationen beschrieben, die diesen Interessenbereich betreffen.

Die Autoren haben sie aus zugänglichen Quellen in dieses Buch übernommen, ohne sie jedoch selbst zu überprüfen. Schenkt man der außergewöhnlichen Wirkung der Edelsteine keinen Glauben, ist das ohne Bedeutung. Wenn Sie in einem Geschäft mit Edelsteinen aus der unübersehbaren Menge der Steine denjenigen aussuchen, der Ihnen mit seinem Habitus (Form, Farbe) gefällt und Sie am stärksten anzieht, werden Sie so ganz nebenbei feststellen, daß Sie ihn immer häufiger in die Hand nehmen, ihn reiben und somit eine gewisse, nicht definierbare Beziehung zu ihm herstellen. Der Stein wird zu Ihrem Akkumulator, nach dem Sie auch in ungewöhnlichen Situationen greifen und sich mit seiner Hilfe auf- und entladen. Er wird Ihnen psychische Unterstützung leisten, und seelisches Wohlbefinden oder Glaube sind ein Heilmittel für alle Leiden.

Genese und Vorkommen

Edelsteine treten im allgemeinen in jedem Gestein auf. Ihre größten Akkumulationen sind allerdings in den Sedimenten zu finden. Dort kommt es zu den stärksten Konzentrationen von Edelsteinen aus nahezu allen genetischen Gesteinstypen, man betrachte etwa die Fundorte von Diamanten, Saphiren oder Rubinen. Außerdem wird ein erheblicher Teil an Edelsteinen aus Pegmatiten gewonnen. Anfangs wurden Edelsteine nur frei an der Erdoberfläche gesammelt, mit der fortschreitenden Technik und dem verstärkten Interesse an Edelsteinen begann der Untertageabbau. Manchmal erreichte die Förderung unglaubliche Ausmaße (z.B. die Diamantenförderung in der Republik Südafrika).
Günstige Bedingungen für die Konzentration von Edelsteinen in einem beliebigen Gesteinstyp treten jedoch recht selten auf und sind oft zufällig. Das heißt, daß neben dem Befolgen bestimmter Gesetzmäßigkeiten (dem Suchen an den Stellen, an denen Edelsteine auftreten können) noch ein grundsätzlich subjektiver Wirkstoff, das Glück, bereitzuhalten ist.
Der Handel mit Edelsteinen hat seine Besonderheiten, daher ist es nicht erstaunlich, daß der Ursprungsort der Steine manchmal geheim gehalten oder falsch angegeben wird. Aus den gleichen Gründen sind Informationen über die Ergiebigkeit und Zugänglichkeit der Fundorte meist ebenfalls ungenau. Auch in diesem Buch sind bei den abgebildeten Steinen die Angaben über den Fundort nicht immer vollständig. Manchmal stehen nur annähernde Daten zur Verfügung.

Übersicht über die Edelsteine nach ihrer Herkunft

Sedimente – annähernd 50 % der Weltförderung:

Diamant, Saphir, Rubin, Spinell, Achat, Granat, Topas, Chrysoberyll, Monazit, Jadeit, Beryll, Koralle, Bernstein, Gagat, Aragonit, Gips, Quarz, Turmalin, Gold, Platin, Alabaster, Perlen.

Pegmatite – annähernd 15 % der Weltförderung:

Korund, Spinell, Topas, Spodumen, Orthoklas, Quarz, Smaragd, Beryll, Andalusit, Zirkon, Eudialyt, Monazit, Amazonit, Apatit, Cordierit, Brasilianit, Chrysoberyll, Kunzit, Lepidolith, Rubellit, Verdelith, Indigolith, Achroit.

Verwitterungszonen – annähernd 7 % der Weltförderung:

Azurit, Malachit, Chrysopras, Opal, Goethit, Vivianit, Smithsonit, Türkis, Chrysokoll, Cuprit.

Vulkanite:

Amethyst, Citrin, Achat, Jaspis, Chalcedon, Opal, Schwefel, Chrysolith, Nephelin, Obsidian, Saphir, Aragonit, Calcit, Fluorit, Rhodochrosit, Quarz, Silber, Gold, Hämatit, Pyrit, Kassiterit, Sphalerit, Nickelin, Turmalin, Topas, Apatit.

Magmatite:

Pyrop, Diamant, Saphir, Platin, Titanit, Nephelin, Bronzit.

Metamorphite und Metasomatite:

Granat, Andalusit, Kyanit, Cordierit, Vesuvian, Staurolith, Korund, Epidot, Tscharoit, Nephrit, Skapolith, Jadeit, Serpentin, Rhodonit, Smaragd, Beryll, Chrysoberyll, Jaspis, Spinell, Lasurit, Tigerauge, Vesuvian, Wollastonit.

Bearbeitung

Einige Edelsteine waren wegen ihrer Härte schon von Anfang an zur Herstellung von Werkzeugen bestimmt. Andere boten sich mit ihrer außerordentlichen Schönheit als Schmucksteine an. Da die oft unzureichende Menge an hochwertigen Steinen die Nachfrage nicht befriedigen konnte, begann man allmählich auch Stücke von geringerer Güte durch ästhetische oder optische Betonung (Gravieren, Schleifen, Bohren) oder durch gezielte Formgebung (durch Spalten oder Schneiden) aufzubessern. Hier beginnt die Geschichte der Bearbeitung von Edelsteinen. Die Art und Weise der Bearbeitung hing vor allem von den Eigenschaften und der Qualität der Steine, ebenso von der technischen Ausrüstung der Handwerker ab. Das Ergebnis der Bearbeitung mußte jedoch immer dem gleichen Zweck gerecht werden: einen farbig, optisch und in der Form vollendeten Stein zu schaffen, der die Aufmerksamkeit auf sich zog. Zu den Grundtechniken der Bearbeitung von Edelsteinen gehörte in der Vergangenheit zuerst das Spalten, später noch das Gravieren, Bohren, Schleifen und Schneiden. In neuerer Zeit werden verschiedene Kombinationen dieser Techniken verwendet.

Das Kennen der Steine, ihrer Eigenschaften und der erwähnten Technologien ermöglichte schließlich eine Bearbeitung zu immer wirkungsvolleren und effektvolleren Formen (von unregelmäßigen Gemmen bis zu regelmäßigen mugeligen Cabochons) hin. Höhepunkt wurde das Schleifen der Steine, das die Kristallfläche nachahmte und zur Entstehung raffinierter Facettenschliffe führte, die auf vollkommene Weise die optischen Vorzüge dieser Steine ausnützten. Jede Bearbeitungsart der Edelsteine – Tafelschliff, Cabochonschliff, Facettenschliff, Trommelschleifen – erfordert jedoch eine andere Art der Auswahl des Rohstoffs. So müssen z.B. für den Facettenschliff vollkommene Rohstoffe ohne Verunreinigungen, Inklusionen oder Spaltrisse und mit markant ausgeprägter Farbe ausgesucht werden. Für Cabochons können zwar gewisse Sprünge in Kauf genommen werden, die Farbe darf aber weder zu hell noch zu dunkel sein.

Grundformen des Edelsteinschliffs

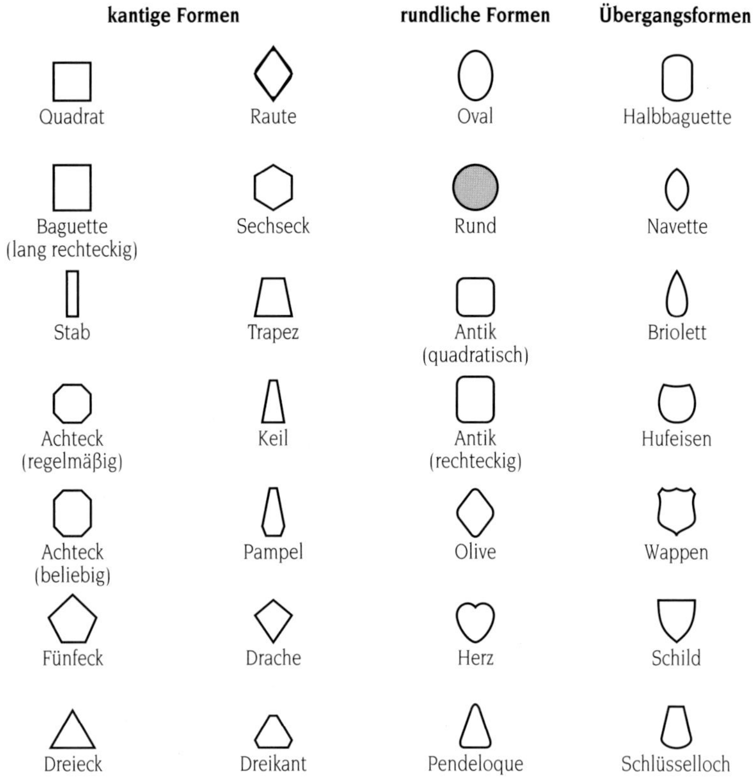

Schliffarten – Beispiele für kreisrunde Steine

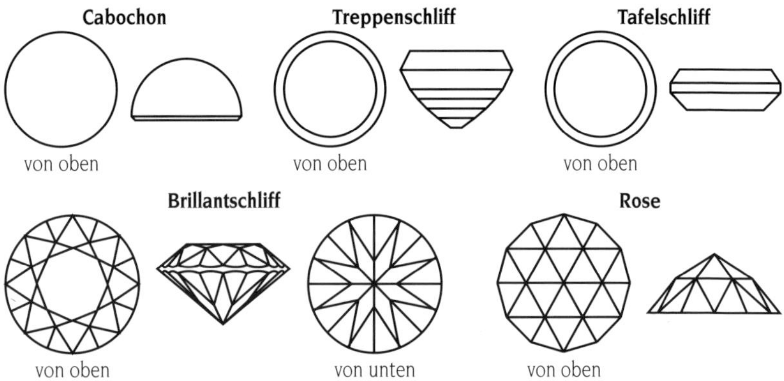

Identifikation

Die Art und Weise der Identifikation von Edelsteinen weist zweifellos Besonderheiten auf. Das hängt damit zusammen, daß man den meisten Edelsteinen in bearbeiteter Form begegnet. Darüber hinaus sind sie oft in Schmuckstücken gefaßt, so daß einige klassische Identifikationsmethoden sich ohne Beschädigung des Steins oder des Schmucks nicht anwenden lassen. Bei der Identifikation beginnt man mit makroskopischen Tests und geht dann zu einfachen Laboruntersuchungen über. Gute Ergebnisse bei der Untersuchung von Edelsteinen erbringen auch die im Handel erhältlichen Identifikationsgeräte (verschiedene Testinstrumente). Gelingt es nicht, den Stein mit einfachen Methoden zu identifizieren, ersuchen wir einen Fachmann um Hilfe.

Imitationen

Der hohe, für viele unerschwingliche Preis der Edelsteine und vor allem ihre begrenzte Menge haben dazu geführt, daß man sie zu imitieren begann. Zunächst geschah dies mit Hilfe anderer Natursteine (oder ihrer Kombinationen – Dubletten, Tripletten), oder mit Nachahmungen (Glas, Glasuren, künstlichen Materialien).

Schließlich wurden synthetische Steine verwendet, entweder chemisch und physikalisch gleichwertige Steine (z.B. Diamant, Spinell, Korund, Smaragd, Zirkon, Quarz) oder Verbindungen, die bisher in der Natur nicht bekannt sind (z.B. Fianit, YAG, das ist ein Yttrium-Aluminium-Granat, Fabulit).

Pflege

Die Grundsätze für die Behandlung von Edelsteinen sind bei den einzelnen Steinen unter dem Stichwort „Empfehlung" angegeben. Jeder Stein verlangt bei der Bearbeitung, beim Transport und der Fixation, vor allem aber beim alltäglichen Tragen als Schmuck eine bestimmte Behandlungsweise und Pflege, die von seinen chemischen und physikalischen Eigenschaften abhängen. Die richtige Pflege garantiert die Dauerhaftigkeit und Stabilität des Steins.

Das Nichteinhalten dieser Grundsätze hat Veränderungen im Aussehen und in der Qualität, im äußersten Fall auch Beschädigungen oder sogar die Zerstörung des Steins zur Folge. Die Hauptgefahr für Edelsteine stellen heftige Stöße, Abrieb oder extreme Bedingungen (Hitze, Kälte, Sonneneinstrahlung, aggressive Chemikalien und Reagenzien) dar. Um ein bleibendes effektvolles Aussehen der Steine zu sichern, müssen sie auf angemessene Weise gereinigt werden. Das geschieht der Steinart entsprechend mit Wasser, Seifenwasser, Dampf oder Ultraschall.

Bekannte Edel- und Schmucksteine

Erklärung der Symbole

Im Kopfteil jeder Beschreibung werden in einer Symbolleiste die markanten Eigenschaften des Steins in der nachstehenden Reihenfolge angegeben:

Überwiegende Art der Bearbeitung

– Facettenschliff

– Cabochons

– Tafelschliff und Mosaik

– plastischer Schliff und Glypten

Optische Effekte

– Asterismus

– Katzenauge

Chakra

Zur Erklärung siehe die Abbildung auf Seite 17.

Tierkreiszeichen

Zur Erklärung siehe die Tabelle auf Seite 16.

Die farbigen halbkreisförmigen Flächen, mit denen die Seitenzahlen unterlegt sind, beziehen sich auf die Einordnung des Steins in die Gruppen der Tabelle auf Seite 12.
Die Halbkreise darunter enthalten die Härtezahlen und sind nach derselben Tabelle farbig gekennzeichnet.

Abbildungen, bei denen weder Größe noch Gewicht (in Karat, ct) angegeben sind, zeigen die wirkliche Größe der Steine. (Nicht verwechseln: Bei Edelsteinen ist das Karat die Gewichtseinheit, bei Gold bzw. Goldschmuck eine Qualitätsangabe.)

24

10

DIAMANT

C

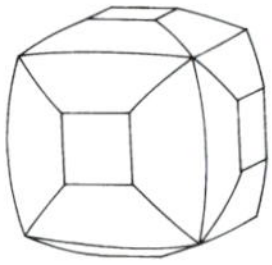

Bezeichnung nach dem griechischen Wort „adamas“ – unüberwindbar.

Geschichte: Der Diamant wird schon von Plinius d. Ä. (23–79 n. Chr.) erwähnt. Nach Europa gelangten Diamanten im 6.–5. Jahrhundert v. Chr. Aus dieser Zeit stammt eine altgriechische Bronzestatue mit nicht bearbeiteten Diamanten. Sie befindet sich jetzt im Britischen Museum in London. Bis zum 18. Jahrhundert wurden Diamanten nur in Indien gewonnen, von dort stammt der überwiegende Teil der bekannten historischen Steine.

Farbe: Farblos, grau, bläulich, schwachrosa, grünlich, gelb, braun bis schwarz • **Transparenz:** Durchsichtig bis undurchsichtig • **Glanz:** Diamantglanz • **Bruch:** Muschelig bis splittrig • **Spaltbarkeit:** (111) höchst vollkommen • **Härte:** 10, spröde • **Strichfarbe:** Weiß • **Dichte:** 3,47–3,56 • **Brechungsindex:** 2,417 • **Doppelbrechung:** Keine • **Dispersion:** 0,044 (nach einigen Angaben bis 0,0627) • **Pleochroismus:** Fehlt • **Lumineszenz:** Blau, grünlich • **Chemismus:** Die Färbung wird von Beimischungen verursacht – N (gelb), Mn (rosafarben), manchmal auch Si, Al, Mg und Fe • **Veredelung:** Bestrahlung, oft kombiniert mit Temperaturveränderungen, diffuse Färbung der Oberfläche.

Kristall eines Diamanten, 8 mm. Trubka Mir, Mironowo, Bezirk Jakutsk, Rußland.

Freie Diamantenkristalle von verschiedenen Fundorten, der größte 11 mm.

Erst 1714 wurden in Brasilien und später in Südafrika Diamanten entdeckt.
Diamanten werden von zahlreichen Legenden umwoben, auch magische Kraft wird ihnen zugeschrieben. Sie waren das Symbol für Reichtum und sind Bestandteil fast aller Kronjuwelen, Schatzkammern und musealen Sammlungen.
Astrologie: Der Diamant ist der Stein der im Sternbild des Löwen, bzw. der Waage (nach den Babyloniern), des Krebses (nach den Griechen) oder des Widders (nach den Byzantinern) Geborenen.
Chakra: Elementarchakra.
Wirkung auf den Körper: Kräftigt das gesamte Urogenitalsystem, unterstützt die Heilung von Magen und Darm und wirkt positiv bei Epilepsie und Ménière-Syndrom.
Pflege des Steins: Nach erfolgter Heilung mit kaltem Wasser entladen und dann kurz im Sonnenlicht aufladen; er ist Subsidiarstein für andere Steine.
Genese: Kimberlite, Lamproite, Edelsteinseifen.
Vorkommen: Diamanten werden seit alters in Indien gefördert. Von hier stammen viele weltberühmte Steine. Die Diamantenförderung konzentrierte sich in der Umgebung von Hyderabad zwischen den Flüssen Pennaru und Sonaken. Diamanten fanden sich ebenso in Sandsteinen und Konglomeraten und in den Anschwemmungen von Flüssen. Dieses Gebiet, auch „Golkonda" genannt, war schon Plinius d. Ä. bekannt. Heute werden Diamanten lokal in Kollur-Eluru im Staat Hyderabad und bei Panná im Staat Madhya Pradesh gefördert. Aus Indien stammen unter anderem der berühmte „Großmogul" (mit einem Gewicht von 782,25 ct), der 1650 gefunden wurde, der „Nizam" von 1847 (mit 440 ct Gewicht); der „Hope" (ein blauer Diamant von 44,50 ct); der „Orlow" (von 189,62 ct, aus dem Jahr 1680); der „Kohinoor" (von 105,60 ct) und der hellgelbe „Florentiner" von 137,27 ct. Historische Diamantenförderung bestand auch in Indonesien und auf der Insel Borneo. Ein bedeutender Diamantenproduzent der Gegenwart ist China. Gefördert wird in den Provinzen Schantung und Yünnan und auf der Insel Hainan.

25

10

10

Achteckiger Diamant im Kimberlit, 10 mm. Republik Südafrika.

Am Anfang des 18. Jahrhunderts (1714) wurden auch in Brasilien Diamanten entdeckt, in der Umgebung von Diamantína im Staat Minas Gerais und später im Staat Bahia. Hier kommen Diamanten zusammen mit Gold und Quarzen in den Anschwemmungen von Flüssen vor. Heute ist Brasilien ein bedeutender Lieferant von Diamanten für die Industrie (sogenannten „Carbonados"). Der größte gefundene technische Diamant hatte ein Gewicht von 3148 Karat. Aus Brasilien stammen viele große Diamanten, wie der „Präsident Vargas" von 726,6 ct (er wurde zu 29 Einzelsteinen geschliffen), der „Goiás" von 600 ct (von ihm blieb ein Torso von 8 ct übrig) oder der „Darcy Vargas" mit 460 ct. Ebenso fand man hier farbige Diamanten, so den violetten „Tiros lilac diamond" von 12,25 ct, den rosafarbenen „Abaeté" von 238 ct, den grüngelben „Maximilian" von 50 ct und den hellblauen „Brasilia" von 176,2 ct. Kleinere Vorkommen auf dem amerikanischen Kontinent bestehen in Venezuela, Surinam, Französisch-Guayana und in den USA.

Diamanten wurden auch in Australien, vor allem aber auf dem afrikanischen Kontinent gefunden. Zu den bedeutendsten Förderstaaten der Welt gehört die Republik Südafrika. Hier wird seit 1867 im Gebiet der Flüsse Oranje und Vaal gefördert. Die von dort stammenden Diamanten gehören zu den schönsten und größten. Neben den Seifenlagern hat Südafrika Primärlagerstätten, die an Kimberlit gebunden sind. Berühmt ist vor allem die Premier-Mine, die im ovalen Querschnitt Durchmesser von 924 und 462 m aufweist. Hier wurde auch der größte Diamant der Welt gefunden, der „Cullinan" mit einem Gewicht von 3106 ct. Südafrikanische Diamanten zählen zu den berühmtesten, viele von ihnen schmücken Kronjuwelen oder sind in den Sammlungen von Museen aufbewahrt. Zu den bedeutenden Steinen gehören der „Excelsior" von 995,2 ct (von 1893), der „Jonker" von 726 ct (von 1934), der rosafarbene „Jubilee" von 650,80 ct (von 1895), der heute „Reitz diamond" genannt wird, und der vielleicht zu den jüngsten der hier geförderten großen Diamanten zählende „Dutoitspan" von 616 ct (von 1974). Alle genannten Gewichte beziehen sich auf die Rohdiamanten.

Später wurden in den Nachbarstaaten Lesotho

und Botswana ebenfalls Diamanten entdeckt. Heute findet eine umfangreiche Diamantenförderung in der westlichen Küstenzone Südafrikas statt (Republik Südafrika, Namibia und Angola). Die Diamanten haben eine hohe Qualität und erreichen vereinzelt Gewichte von 70 ct. Der größte Stein, die „Schöne Helene", hatte ein Gewicht von 160 ct. Diamanten kommen großflächig in den Sedimenten der Flüsse Kasai und Tshikapa vor (Zaire, Angola, ca. 390 000 km^2), sie sind auch in den Alluvionen in der Zentralafrikanischen Republik und Gabun enthalten. Kleinere Vorkommen sind aus Ghana, Sierra Leone (der größte Diamant „Star of Sierra Leone" hatte ein Gewicht von 968,90 ct), der Elfenbeinküste, Liberia, Mali, Guinea und Senegal bekannt, desgleichen aus Tansania und Simbabwe. Seit neuerer Zeit ist Rußland ein bedeutender Diamantenproduzent. Hier wurden sie 1949 im Gebiet des Flusses Wiljui und später auch anderswo entdeckt. Man weiß von über 120 Kimberlit-Pipes. Viele russische Diamanten haben ebenfalls ein Gewicht von über 200 ct, zum Beispiel der „Stern von Jakutsk" mit 232,0 ct. Rußland hat auch farbige Diamanten (etwa den grünen Diamant „Bergmann" mit 44,62 ct, den hellgelben achteckigen Stein „Maria" mit 106 ct).

Bearbeitung: Facettenschliff, ungefähr 20 % der geförderten Diamanten werden zu Schmucksteinen verarbeitet.

Ähnliche Mineralien: Keine.

Imitationen: Synthetischer Diamant, Bergkristall, Goshenit, Kassiterit, Cerussit, Leukosaphir, Scheelit, Topas, Zirkon. Synthetische Steine: Cubic Zirconia, YAG, GGG (Galliant, ein Gadolinium-Gallium-Granat), Bleiglas u.a.

Identifikation: Härte, Dichte, Brechungsindex, Glanz, thermale Konduktometrie.

Empfehlung: Geschliffene Steine kauft man nur mit einem Zertifikat, einige haben ihre Identifikationsnummer mit Laser auf der Rundiste (dem gerundeten Grundriß) eingraviert. Vor Schlag und Stoß schützen – Diamanten sind spröde; die Reinigung ist problemlos.

Verschiedenfarbige Brillanten, der größte wiegt 1,35 ct.

28

9

RUBIN

(Korund-Gruppe)

Al_2O_3

Bezeichnung nach lateinisch „rubens" – rot.

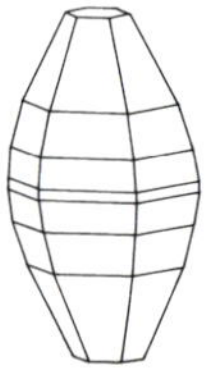

Geschichte: Dieser Stein mit der Farbe von Taubenblut wird seit früher Zeit hoch geschätzt. Die ältesten schriftlichen Berichte über die Förderung von Rubinen sprechen von Gruben in Birma. Von hier gelangten die Steine auf Handelswegen an die Herrscherhöfe und in die Tempel der alten Ägypter und Griechen. Im Mittelalter waren Rubine auch in Rom beliebt. Anfangs wurden sie zu ovalen Formen verarbeitet, und besonders große und schöne Steine hatten eigene Namen. Der Rubin wurde als Stein des Lebens angesehen, der das Herz stärkt und die Kraft zurückgibt. Magische Macht wurde ihm vor allem im Altertum und im Mittelalter zugeschrieben. Ebenso hatte er seine mythologische Bedeutung, er schützte die Gläubigen vor dem Teufel und bewahrte sie vor der Pest.

Asterischer Rubin, 1,20 ct.

Farbe: Verschiedene Rottöne • **Transparenz:** Durchsichtig, durchscheinend, undurchsichtig • **Glanz:** Glasglanz, Diamantglanz • **Bruch:** Muschelig, uneben • **Spaltbarkeit:** Absonderung nach $(10\bar{1}2)$ • **Härte:** 9, spröde • **Strichfarbe:** Weiß • **Dichte:** 3,97–4,05 • **Brechungsindex:** N_e 1,760 bis 1,768, N_o 1,768–1,778 • **Doppelbrechung:** -0,008 • **Dispersion:** 0,018 • **Pleochroismus:** Stark, orange bis karminrot, ist dichroitisch • **Lumineszenz:** Stark, karminrot • **Chemismus:** Die Färbung wird durch Beimischungen von Cr und Fe verursacht • **Besondere Merkmale:** Asterismus, selten Katzenaugeneffekt • **Veredelung:** Erhitzen, Bestrahlung, diffuse Färbung.

Astrologie: Der Rubin ist der Stein des „Löwen" (nach den Babyloniern), des „Skorpions" (nach den Römern) oder des „Krebses" (nach den Byzantinern).

Chakra: Elementarchakra.

Wirkung auf den Körper: Heilende Wirkung bei seelischer Lethargie, kräftigt Herz und Kreislauf, mildert Augenbeschwerden.

Pflege des Steins: Mit kaltem Wasser entladen, im Sonnenlicht kurz aufladen.

Genese: Metamorphite, Pegmatite, Edelsteinseifen.

Vorkommen: Die meisten großen und schönen Rubine der Vergangenheit stammten aus Birma, aus der Gegend von Mogok. Auf einer Fläche von ungefähr 400 km^2 stehen hier rubinführende Skarnmarmore und kristalline Schiefer an, von denen aus die Steine in Schwemmböden gelangten. Sie werden hier angeblich schon seit der Bronzezeit gewonnen. Viele schöne und große Rubine stammen aus den Jahren 1899–1928. Unikate erreichten ein Gewicht von 30–40 Karat. Hier haben auch die großen Rubine zahlreicher Kronjuwelen ihren Ursprung.
In Thailand werden ebenfalls Rubine gefördert (in der Umgebung von Chantabun und Battambang), sie haben jedoch einen leicht bräunlichen Ton. Des weiteren treten sie in Kambodscha auf. Ein anderes bedeutendes historisches Fördergebiet für Rubine ist Sri Lanka. Hier sind auch Rubine

Rubinkristalle im Muttergestein, Höhe 42 mm. Mysore, Indien.

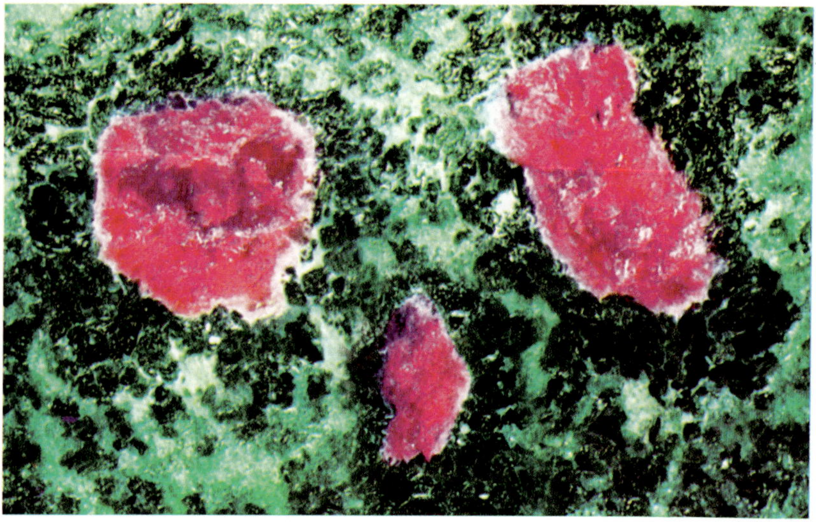

mit Asterismus oder Katzenaugeneffekten zu entdecken. Kleinere Vorkommen befinden sich in Afghanistan in der Umgebung von Jagdalek und in Pakistan im Tal des Flusses Hunza. Steine von geringerer Güte kommen aus China (Provinz Yünnan). Korundhaltige Adern besitzt auch Indien, in den Staaten Tamilnádu und Maisur.
In den USA treten Rubine in den goldführenden Schwemmböden von North Carolina (Cowee Creek) auf. Die Steine aus Kolumbien haben geringere Qualität. Rubine kennt man auch von den metamorphisierten Kalken Australiens im North Territory. Zahlreiche Rubinvorkommen hat die Insel Madagaskar (Ankatatra und Vontivorona). Die Rubine befinden sich in Primär- und Seifenlagerstätten. Vom afrikanischen Kontinent werden Rubine aus dem Gebiet des Flusses Umba in Tansania und der Flüsse Motombo, Kwakonje, Mahenge und Gairo beschrieben. Die verschiedenfarbigen Kristalle sind bis zu 4 cm groß. Große rote Rubinkristalle sind im Zoisitgestein eingeschlossen, das zu Schmucksteinen verarbeitet wird (Olgira Hills, Lossogonoi Hills). In Sambia findet man Rubine von Edelsteinqualität in den Sombulekiesen, rubinhaltiges Gestein haben auch Malawi (Chimwadzulu-Gebirge), Zaire und Angola. In Rußland kommen Rubine an mehreren Lokalitäten des polaren Ural vor, auch in Norwegen und Finnland wurden Rubine entdeckt. Unlängst fand man in Makedonien in der Umgebung von Prilep (bis zu 15 cm) große hellrote Kristalle.
Große unikate Kristalle und geschliffene Rubine tragen oft einen Namen und sind die Zierde von Kronjuwelen und musealen Sammlungen. Zu den bedeutendsten Steinen gehört der „Stern des Nordens" („North Star"). Es handelt sich um einen violettroten asterischen Rubin mit einem Gewicht von 166 Karat, der sich in den Sammlungen des Naturhistorischen Museums (American Museum of Natural History) in New York befindet. Hier liegt

Rubinkristalle mit Zoisit verwachsen, Breite 100 mm. Tansania.

Mit dem Muttergestein verwachsener Rubin, Halbinsel Kola, Rußland.

noch ein anderer großer Rubin, der „Edith Hagen de Long", von 100 ct. Ein großer asterischer Rubin aus Sri Lanka wird in den Sammlungen der Smithsonian Institution in Washington aufbewahrt. Sein Gewicht beträgt 139 ct. Der „Edward"-Rubin von 167 ct ist halbdurchsichtig und im Britischen Museum in London hinterlegt. Zu den historischen und großen Rubinen gehört auch der Stein, der Bestandteil der St.-Wenzels-Krone in Prag ist. Mit seinen Ausmaßen von 39,5 x 36,5 x 14 mm und einem Gewicht von 250 ct zählt er offenbar zu den größten Exemplaren der Welt. Eine ganze Reihe unikater Rubine befindet sich in den Schatzkammern der indischen Fürsten und im Schatz des ehemaligen Schahs von Iran. Vereinzelt kommen auch große Kristalle vor, die in ihrer natürlichen Form ein Gewicht von über 500 Karat aufweisen. Einer davon befindet sich im Naturhistorischen Museum (British Museum of Natural History) in London, die 690 Gramm schwere Rubinstatue Buddhas aus Birma. Im Jahr 1934 wurde auf Sri Lanka ein Rubin mit einem Gewicht von 593,4 g gefunden, der Asterismus zeigt.

Bearbeitung: Facettenschliff, Cabochons, Glypten.

Ähnliche Mineralien: Spinell, Rubellit, Pyrop.

Imitationen: Synthetischer Korund und Spinell, Glas, Granat, Turmalin.

Identifikation: Härte, Dichte, optisch, Lumineszenz.

Empfehlung: Unter Wärmeeinwirkung kann sich die Farbe ändern, problemlose Reinigung.

Geschliffener Rubin, 3,37 ct. Thailand.

32

SAPHIR

(Korund-Gruppe)

Al_2O_3

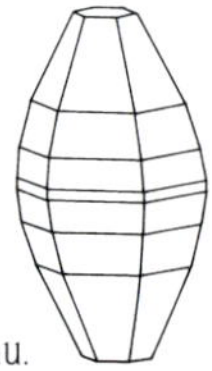

Bezeichnung nach dem griechischen Wort „sappheiros" – blau.

9

Geschichte: Der Saphir ist wegen seiner Schönheit und seiner außergewöhnlichen Eigenschaften seit jeher ein begehrter Edelstein. In der Vergangenheit wurden jedoch alle blauen Steine „Saphir" genannt. Erst am Anfang des 19. Jahrhunderts wurde er zusammen mit dem Rubin als selbständig innerhalb der Korund-Gruppe charakterisiert. Ihm wurden außerordentliche Eigenschaften zugeschrieben. Der Saphir verlieh seinem Besitzer Kraft, Ehre und Unsterblichkeit. Er war ein Symbol für Reichtum und beseitigte Zwiespalt und Schmerzen.

Astrologie: Er war der Stein des „Wassermanns" (nach den Byzantinern), des „Schützen" (nach den Griechen) oder des „Steinbocks" (nach den mittelalterlichen Astrologen).

Chakra: Kehle.

Farbe: Verschiedene Töne von Blau, Violett, Blauviolett und Grün, Gelb, Orange (Padparadscha); farblos (Leukosaphir) • **Transparenz:** Durchsichtig, durchscheinend, undurchsichtig • **Glanz:** Glasglanz, matt • **Bruch:** Muschelig, uneben • **Spaltbarkeit:** Absonderung nach $(10\bar{1}2)$ • **Härte:** 9, spröde • **Strichfarbe:** Weiß • **Dichte:** 3,99–4,10 • **Brechungsindex:** N_e 1,760–1,770, N_o 1,768 bis 1,779 • **Doppelbrechung:** -0,008 bis -0,009 • **Dispersion:** 0,018 • **Pleochroismus:** In Abhängigkeit von der Farbe verschiedene Töne • **Lumineszenz:** Manchmal violett oder orange • **Chemismus:** Färbung durch Beimischungen von Fe, Ti, Cr, Mn, V und U • **Besondere Merkmale:** Asterismus, selten Katzenaugeneffekt • **Veredelung:** Erhitzen, Bestrahlung, diffuse Färbung.

Rohsaphire, der größte 5 mm. Gem Mountain, Montana, USA.

Wirkung auf den Körper: Senkt den Blutdruck, mildert Schlaflosigkeit, wird manchmal auch zur Behandlung von Geschwulsten verwendet.
Pflege des Steins: Ähnlich wie beim Rubin.
Genese: Metamorphite, Pegmatite, basische Basalte, Edelsteinseifen.
Vorkommen: Saphire und Leukosaphire werden schon seit fernster Vergangenheit aus Edelsteinseifen auf der Insel Sri Lanka gewonnen. Die Fundstellen erstrecken sich hier über etwa 2000 km^2. Vereinzelt wurden auch große Steine gefunden (die jedoch nicht immer Edelsteinqualität aufweisen). Der größte von ihnen hatte angeblich um 20 kg Gewicht. Im Jahre 1974 wurden hier Saphire mit Gewichten von 144 und 300 ct entdeckt.
Ein weiteres bedeutendes Gebiet, in dem Saphire vorkommen, liegt in Nordbirma bei Mogok. Es hat eine Fläche von 400 km^2 und wird von Skarnmarmoren gebildet. Die Förderung reicht hier in historische Zeiten zurück. Die Saphirvorkommen sind jedoch seltener als die der Rubine. Im Jahre 1966 wurde ein asterischer Saphir mit einem Gewicht von 12,6 kg gefunden. Primärvorkommen (aber auch Seifenlagerstätten) sind aus Thailand, Laos, Vietnam und Kambodscha bekannt. Sie sind an tertiäre Basalte gebunden. Besonders bedeu-

Typischer Saphirkristall, 40 mm. Glubkka, Val i vaya, Provinz Uva, Sri Lanka.

tend ist die Lagerstätte Pailin (seit 1874, in Kambodscha). Der größte in Thailand gefundene Saphir hatte 150 ct. Thailändische Saphire stammen aus den Gebieten Chantabun und Battambang. Steine aus Südchina haben geringere Qualität. Saphire kommen auch in Kaschmir und Dschammu vor. In den USA konzentrieren sie sich im Staat Montana (Lokalität Yogo-Gulch), in neuer Zeit wurden sie auch in North Carolina entdeckt. Kanadische Funde stammen aus dem Gebiet von Renfrew in der Provinz Ontario. Dunkelblaue Saphire treten in Brasilien, im Staat Mato Grosso auf. Australische Lagerstätten in Queensland und Neusüdwales beteiligen sich derzeit erheblich an der Saphirproduktion. Hier sind die Steine in basischen Basalten enthalten und gelangen in die Seifenablagerungen. Sie sind hellblau, grünlich und oft auch in Zonen gefärbt.

Auf dem afrikanischen Kontinent findet man Saphire in Moçambique, in den Pegmatiten von Ruanda, Kamerun, der Republik Südafrika und Namibia. Lagerstätten beherbergt auch das Gebiet des tansanischen Flusses Umba. In Simbabwe treten bis zu 7 cm große Saphirkristalle auf, der größte hatte 3100 ct. Kleinere Funde werden in Malawi, Sambia, Kongo und auf der Insel Madagaskar verzeichnet (einige Kristalle über 10 cm). Starke Konzentrationen von Saphiren sind aus Rußland bekannt. Vor allem in den Syenit-Pegmatiten des Ural und der Halbinsel Kola kommen Kristalle vor, deren Gewicht 5 kg übersteigt. Diese Steine erreichen jedoch keine Edelsteinqualität. In Böhmen werden historische Funde schöner Saphire in den Anschwemmungen der Iser (Iseraue) erwähnt.

Als Edelstein faszinierte der Saphir den Menschen schon seit alters her. Viele unikate Steine erhielten einen Namen und sind Zierde königlicher Schmuckgegenstände. Zu den beachtlichsten gehört der „St.-Edwards-Saphir" in der Mitte des Kreuzes der britischen Königskrone. Er ist dunkelblau und wird schon im Jahre 1042 erwähnt. Diese Krone trägt auch den „Stuart-Saphir" mit einem Gewicht von 104 ct. Große Saphire wurden auch in die Krone des russischen Herrschers eingearbeitet, die im Diamantenfond in Moskau aufbewahrt wird (258 und 200 ct). Die St-Wenzels-Krone in Prag trägt zwei Saphire mit einem Gewicht von 330 und 280 ct. Beide stammen aus Sri Lanka. Zu den unikaten Saphiren mit Asterismus lassen sich auch der „Stern von Indien" von 536 ct, der „Mitternachtsstern" von 116 ct (sie befinden sich im amerikanischen Museum of Natural History in New York) und der dunkelblaue

Goldener Ring mit barocken Perlen und schwarzem Saphir aus Thailand. Eine Arbeit von Karl Valter, Genf, Schweiz.

Asterischer Korund, 2,20 ct.

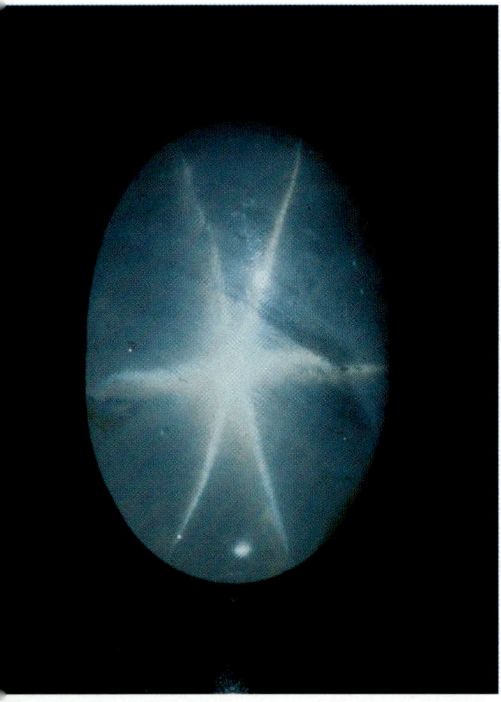

„Stern von Asien" von 330 ct (heute in der Smithsonian Institution in Washington) rechnen. Ebenso beachtenswert ist der „Saphir Black Star of Qeensland" von 733 ct aus dem Jahre 1948. In den USA wurden aus drei großen Saphiren Skulpturen der Köpfe von Präsidenten geschnitten: „Washington" (1997 ct), „Lincoln" (2302 ct), „Eisenhower" (2097 ct). Viele unikate und große Saphire befinden sich in Privatsammlungen in Iran, Indien und der Türkei.

Bearbeitung: Facettenschliff, Cabochons, Glypten.

Ähnliche Mineralien: Spinell, Cordierit, Zoisit, Indegolith, Benitoit, Topas, Kyanit, Zirkon, Tansanit.

Imitationen: Synthetischer Korund, Dubletten und Glas.

Identifikation: Härte, Dichte, optisch, Absorptionsspektrum.

Empfehlung: Durch Wärmeeinwirkung kann die Farbe verlorengehen; problemlose Reinigung.

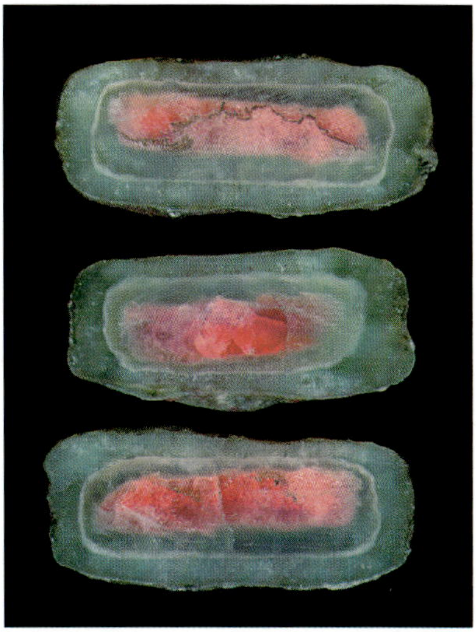

Sogenannter „Watermelon-Saphir", Breite 20 mm. Indien.

Verschiedenfarbige Saphire, der größte Stein hat 8,85 ct. Montana, USA.

36

9

CHRYSOBERYLL

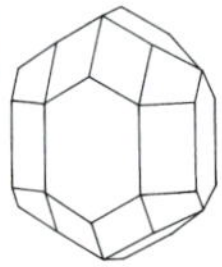

Al_2BeO_4

Benannt nach der Ähnlichkeit mit dem Beryll (griechisch „chrysos" – golden).

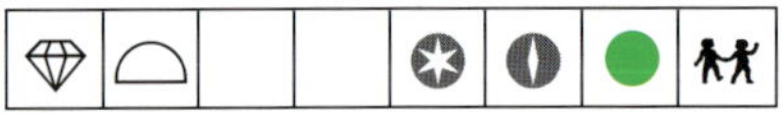

Geschichte: In der Vergangenheit betrachtete man ihn als Beryll. Er wurde in Kleinodien und Schmuckstücke eingesetzt. Besonders begehrt war seine Varietät, der Cymophan.
Astrologie: Er ist der Stein der „Zwillinge".
Chakra: Herz, gelbe Sorten Nabel.
Wirkung auf den Körper: Er hat deutlich beruhigende Wirkung, die gelben Varietäten werden gegen Magenkrämpfe eingesetzt.
Pflege des Steins: In kaltem Wasser abspülen, kurz im Sonnenlicht aufladen.
Genese: Pegmatite, Metamorphite, Seifenlager.
Vorkommen: Von alters her in den Edelsteinseifen Sri Lankas, im Gebiet von Ratnapura. Hier entdeckte man auch Cymophane. Ihr Gewicht übertraf oft 20 ct. Cymophane traten auch in Südindien auf (in der Umgebung von Trivandruma), farblose Chrysoberylle wurden in den Edelsteinseifen des Somabuls in Simbabwe, in der Republik Südafrika und auf der Insel Madagaskar gefunden. Bedeutende Lagerstätten hat Brasilien. Gelbe Chrysoberylle sind in Pegmatiten und Seifenlagerstätten im Staat Minas Gerais enthalten. Bei Itaguaçu im Staat Espírito Santo trat ein Kristall mit 6,4 cm Durchmesser zutage. In den USA

Farbe: Farblos, gelb, goldgelb, grün, braun • **Transparenz:** Durchsichtig, durchscheinend • **Glanz:** Glasglanz, Fettglanz • **Bruch:** Muschelig • **Spaltbarkeit:** (001) höchst vollkommen • **Härte:** 8,5 spröde • **Strichfarbe:** Weiß • **Dichte:** 3,68–3,80 • **Brechungsindex:** N_p 1,746, N_m 1,748, N_g 1,756 • **Doppelbrechung:** 0,008–0,012 • **Dispersion:** 0,015 • **Pleochroismus:** Deutlich in den Tönen Gelb und Braun • **Lumineszenz:** Gelbgrün • **Chemismus:** Färbung verursacht durch Cr und Fe^{3+} • **Besondere Merkmale:** Katzenaugeneffekt (Varietät Cymophan), selten Asterismus • **Veredelung:** Nicht bekannt.

Verwachsene Chrysoberyllkristalle und ein geschliffener Stein, 10,77 ct. Itaguaçu, Espírito Santo, Minas Gerais, Brasilien.

Chrysoberyll, 11,5 ct.

37

9

kommt Chrysoberyll in mehreren Staaten vor (Connecticut, Maine, New York und Colorado). Aus dem Gebiet von Anakie in Australien sind gelbgrüne Chrysoberylle bekannt. Der Chrysoberyll von Maršikov in Nordmähren, wo er zum ersten Mal bestimmt wurde, hat keine Edelsteinqualität. Chrysoberyll wurde auch in Japan und Zaire gefunden.
Unikate Steine werden hoch bewertet. Berühmt ist der „Hope", im Britischen Museum in London aufbewahrt. Er hat ein Gewicht von 45 ct. Hier liegt auch ein mit Facettenschliff bearbeiteter gelbgrüner Chrysoberyll aus Sri Lanka mit einem Gewicht von 29,4 ct. Als einer der am schönsten geschliffenen und gefärbten Chrysoberylle gilt ein gelbgrüner von 74,4 ct im American Museum of Natural History in New York. Die Sammlungen der Smithsonian Institution in Washington beherbergen gleichfalls große geschliffene Chrysoberylle von 171,5 bis 58,2 ct, diese weisen Facettenschliff auf und kommen aus Sri Lanka. Von dort stammen auch die Katzenaugen (Cymophane) mit einem Gewicht von 475 und 313,2 ct (letzterer Stein ist in der Schatzkammer der englischen Könige hinterlegt). Der angeblich größte Stein mit Facettenschliff hat 245 ct und stammt ebenfalls aus Sri Lanka. Im Jahre 1828 wurde in Brasilien ein Chrysoberyllkristall mit einem Gewicht von 8 kg gefunden.
Bearbeitung: Facettenschliff, Cabochons.
Ähnliche Mineralien: Andalusit, Skapolith, Grossular.

Imitationen: Synthetischer Korund, synthetischer Chrysoberyll.
Identifikation: Härte, Dichte, optisch.
Empfehlung: Problemlose Reinigung.

Chrysoberyll-Katzenauge (Cymophan).

ALEXANDRIT

(Varietät des Chrysoberylls)

Al_2BeO_4

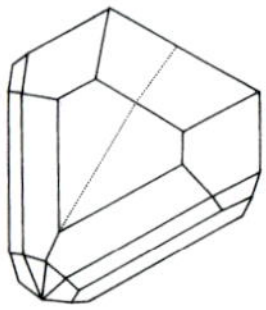

Benennung zu Ehren
des russischen Zaren Alexanders II.

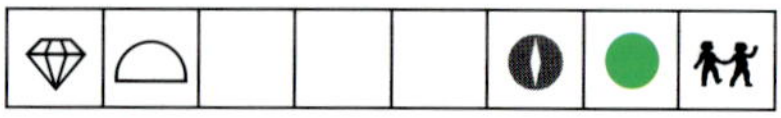

Geschichte: Der Alexandrit wurde 1834 im Ural entdeckt. Er ist die geschätzteste Varietät des Chrysoberylls und schon seit alters her sagenumwoben. Tagsüber sah er wie ein Smaragd aus, nachts wie ein violetter Amethyst. Diese Erscheinung nannte man später „Alexandrit-Effekt". So wurde der Stein zum Symbol des Lebens und seiner glücklichen Wendungen.
Astrologie: Er ist der Stein der im Sternbild der Zwillinge Geborenen.
Chakra: Herz.
Wirkung auf den Körper: Reguliert die Blutbildung, reinigt und festigt die Gefäße.
Pflege des Steins: Wie beim Chrysoberyll.
Genese: Metamorphite, Pegmatite, Seifenlagerstätten.
Vorkommen: Die bedeutendsten Lagerstätten befinden sich seit 1832 im Flußtal des Tokowaya im Ural in Rußland. Lange Zeit waren es die einzigen Alexandritlager. Hier kamen bis zu 4 cm große Kristalle vor. In den Sammlungen des Fersman-Museums in Moskau befindet sich eine Druse mit Alexandritkristallen („Kotschubej") von 5,38 kg Gewicht und einer Größe von 25 x 15 cm (der größte Kristall mißt 6 x 3 cm). Hier treten die Alexandrite zusammen mit Smaragden und Phenakiten in Glimmerschiefern auf. Nur selten zeigen sie Katzenaugeneffekt. Später fand man Alexandrit auch in Seifenlagerstätten in Brasilien (Staaten Minas Gerais, Bahia), Sri Lanka (Latpandura) und auf Madagaskar (im Gebiet von Tsarasakro, Ambatosoratra). Auf Madagaskar tritt er zusammen mit Cymophan auf. Alexandrite kommen zusammen mit Smaragden in den Edelsteinseifen des Somabuls in Simbabwe vor. Sie wurden auch in Indien und der Republik Südafrika entdeckt, in neuerer Zeit ebenfalls in der Umgebung des Lake Manyara in Tansania. Seltene Vorkommen sind aus Australien bekannt.

Farbe: Dunkelgrün bis smaragdgrün (bei Tageslicht), violett bis purpur (bei Kunstlicht) • **Transparenz:** Durchsichtig, durchscheinend • **Glanz:** Glasglanz, Fettglanz • **Bruch:** Muschelig • **Spaltbarkeit:** (001) höchst vollkommen • **Härte:** 8,5, spröde • **Strichfarbe:** Weiß • **Dichte:** 3,71 **Brechungsindex:** N_p 1,746, N_m 1,748, N_g 1,755 • **Doppelbrechung:** 0,008–0,010 • **Dispersion:** 0,015 • **Pleochroismus:** Sehr stark, smaragdgrün (bei Tageslicht), orange bis violettrot (bei Kunstlicht); ist dichroitisch • **Lumineszenz:** Schwach rot, meistens keine • **Chemismus:** Die Farbe entsteht durch Beimischungen von Cr und Fe^{3+}, bei hohen Temperaturen verändert sie sich • **Besondere Merkmale:** Immer Alexandrit-Effekt, selten Katzenaugeneffekt • **Veredelung:** Nicht bekannt.

Geschliffene Alexandrite bei Kunstlicht. Tokowaya, Ural, Rußland.

Die gleichen geschliffenen Steine bei Tageslicht.

Das Britische Museum in London beherbergt geschliffene Alexandrite aus Sri Lanka mit einem Gewicht von 43 und 27,5 Karat, die Smithsonian Institution in Washington einen geschliffenen Stein von 65,7 ct aus Sri Lanka.

Bearbeitung: Facettenschliff, Cabochons.

Ähnliche Minerale: Andalusit, Granat mit Alexandrit-Effekt.

Imitationen: Synthetischer Rubin, Dubletten, synthetischer Alexandrit, natürliche und synthetische Korunde, Spinell mit Alexandrit-Effekt.

Identifikation: Härte, Dichte, optisch.

Empfehlung: Reinigung ohne Probleme, durch Erhitzen kann die Farbe verlorengehen.

Druse mit Alexandritkristallen, Breite 75 mm. Tokowaya, Ural, Rußland.

Typische Verwachsung von Alexandritkristallen, 50 mm. Tokowaya, Ural, Rußland.

SPINELL

$MgAl_2O_4$

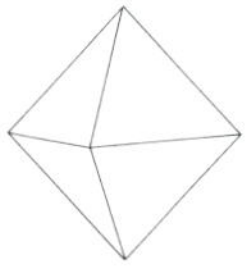

Benennung nach der charakteristischen Kristallform (lateinisch „spina" – Pfeil).

Farbe: Farblos, gelb, grün, blau, rot, violett, rosa, auch braun und schwarz. (Pleonast) • **Transparenz:** Durchsichtig, durchscheinend, undurchsichtig • **Glanz:** Starker Glasglanz • **Bruch:** Muschelig • **Spaltbarkeit:** (111) unvollkommen • **Härte:** 8, spröde • **Strichfarbe:** Weiß • **Dichte:** 3,58–4,06 • **Brechungsindex:** 1,710–1,735 • **Doppelbrechung:** Keine • **Dispersion:** 0,020 • **Pleochroismus:** Fehlt • **Lumineszenz:** Manchmal gelbgrün, rot, orange, meistens keine • **Chemismus:** Färbung durch Beimischungen von Fe^{3+} und Cu (rot), Fe^{2+} (blau), Fe^{2+} und Cr (rot) • **Besondere Merkmale:** Asterismus, manchmal Katzenaugeneffekt • **Veredelung:** Manche Steine werden unter Wärmeinwirkung aufbereitet.

Geschichte: Spinelle werden seit alters her zusammen mit anderen roten Steinen „Karfunkelsteine" genannt. Die gegenwärtige Bezeichnung entstand später. Wie viele alte Schmuckstücke zeigen, erfreute sich der Spinell in der Vergangenheit großer Beliebtheit. Anfangs wurde er, wie bei den englischen Kronjuwelen, als Rubin angesehen.
Astrologie: Nicht wahrgenommen.
Chakra: Elementarchakra.
Wirkung auf den Körper: Bei Kreislaufleiden, Anämie, zur Linderung seelischer Depressionen.
Pflege des Steins: Nach einer bestimmten Zeit unter fließendem Wasser entladen und dann im Sonnenlicht aufladen.
Genese: Kontaktmetamorphe Gesteine, Seifen.
Vorkommen: In der Vergangenheit wurden Spinelle vor allem aus Edelsteinseifen in Birma und Sri Lanka gewonnen. Einige von ihnen wiesen Katzenaugeneffekt auf. Durch ihre Farbe ließen sie sich nur schwer von den Rubinen unterscheiden. Spinelle von Edelsteinqualität treten auch in Thailand (in der Gegend von Bo Ploi), in Kambodscha und Laos auf. Geringere Bedeutung haben die indischen und australischen Fundstätten. Auf

Typische Verwachsungen von Spinellkristallen, 7 mm. Mogok, Birma.

dem afrikanischen Kontinent sind Spinelle von der Insel Madagaskar und aus Kenia bekannt (Ngorigaiski). Unlängst wurden sie auch in Pakistan und Afghanistan entdeckt. Ebenso kommen Spinelle von Edelsteinqualität in Brasilien, in den Staaten Minas Gerais und Bakis vor. In den USA werden Spinelle vor allem in Kalifornien, Montana, New York (aus Amita Kristalle bis zu 14 kg), New Jersey, Virginia und North Carolina gefunden. Kanadische Kristalle bis zu 5 cm stammen aus den Marmoren von Glancoe in der Provinz Northwest Territories. Auch Ontario und Tadshikistan (Pamir) haben Spinellvorkommen. In seltenen Fällen erreichen hier reine, rosafarbenene geschliffene Steine 100 ct. Im Jahre 1986 wurde ein Spinell mit einem Gewicht von 5,1 kg gefunden.

In Europa kommen Spinelle vereinzelt in Norwegen (Akeru, Kristalle bis zu 3 cm), Finnland, Italien und Deutschland vor. Viele Spinelle zieren königliche Kronjuwelen. Am bekanntesten ist vielleicht der 398,7 ct schwere dunkelrote Spinell in der Herrscherkrone im Diamantenfond Rußlands. Auch die britische Königskrone enthält zwei große Spinelle. Der sogenannte „Rubin des Schwarzen Prinzen" („Black Prince's Ruby") wird auf 170 ct, der Rubin „Timur" („Timur Ruby") auf 361 ct geschätzt. Auch die St.-Wenzels-Krone in Prag trägt große Spinelle, insgesamt 45 Stück. In den Sammlungen des Britischen Museums in London befinden sich zwei Spinelle mit einem Gewicht von 355 und 520 ct.

Bearbeitung: Facettenschliff, Cabochons.
Ähnliche Minerale: Rubin, Saphir, Zirkon, Amethyst, Granat.
Imitationen: Granate, synthetischer Spinell.
Identifikation: Härte, Dichte, optisch.
Empfehlung: Reinigung problemlos, durch Erhitzen kann die Farbe verlorengehen.

Freier Spinellkristall, 33 mm.

Spinell, 3,94 ct.

42

8

TOPAS

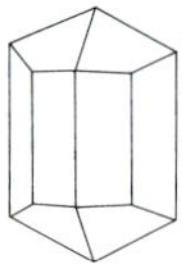

$Al_2[Fe_2(SiO_4)]$

Benennung nach der Insel Topasos im Roten Meer, wo er erstmals gefunden wurde.

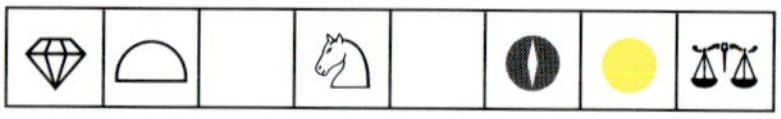

Geschichte: Mit der Bezeichnung „Topas" wurden früher auch andere gelbe und grüne Steine belegt. Im Handel tritt Topas unter verschiedenen Namen auf, die sich mehr oder weniger auf den Fundort beziehen. Heute ist er ein begehrter Edelstein. Ihm wurden verschiedene magische Kräfte zugeschrieben. So sollte er den Männern Weisheit, Hochherzigkeit und Verstand, den Frauen Schönheit und Schutz gegen Unfruchtbarkeit verleihen. **Astrologie:** Er ist der Stein der im Sternbild der Waage (nach den Griechen) und des Skorpions (nach den Babyloniern) Geborenen.

Farbe: Farblos, gelb, goldgelb, rosa, bläulich, rot, orange, violett, grünlich, braun, eventuell mehrfarbig • **Transparenz:** Durchsichtig, durchscheinend • **Glanz:** Glasglanz • **Bruch:** Muschelig, uneben • **Spaltbarkeit:** (001) höchst vollkommen • **Härte:** 8 • **Strichfarbe:** Weiß • **Dichte:** 3,5–3,6 • **Brechungsindex:** N_p 1,606–1,629, N_m 1,609–1,631, N_g 1,616–1,638 • **Doppelbrechung:** 0,009 bis 0,011 • **Dispersion:** 0,014 • **Pleochroismus:** Deutlich, bei verschiedenen Farben verschieden • **Lumineszenz:** Goldgelb, cremefarben, grün • **Chemismus:** Färbung durch Beimischungen von Fe, Cr, V, Ti; einige Topase verblassen im Sonnenlicht • **Besondere Merkmale:** Selten Katzenaugeneffekt • **Veredelung:** Bestrahlung, Erhitzen.

Topas mit Rauchquarz, Höhe 50 mm. Tonoka, Myama, Japan.

Topaskristall, 70 mm. Mursinka, Ural, Rußland.

Chakra: Nabel (gelb), Kehle (blau).
Wirkung auf den Körper: Findet Anwendung gegen Schlaflosigkeit, Appetitlosigkeit und Gicht, wirkt günstig bei Leberleiden.
Pflege des Steins: Es reicht, den Stein kurz im fließenden Wasser abzuspülen und dann kurz im Sonnenlicht aufzuladen.
Genese: Magmatite, Greisene, Metamorphite, Pegmatite, Seifen.
Vorkommen: Eine bedeutende Stellung in der Topasförderung nimmt Brasilien ein. Von hier stammen viele farblose, gelbe, bräunliche und rote („brasilianische Rubine") Steine. Topas kommt im Staat Minas Gerais vor (unter anderem bei Mina Saramenha, Don Bosco, und Virgen da Lapa). Im Gebiet Marambaya sind die Topase blau und farblos. Topase findet man auch in den Schwemmböden des Flusses Arassuai, in der Umgebung von Teófilo Otoni sogenannte „goldene Topase". Aus Brasilien kommen zahlreiche hervorragende Steine. Bekannt ist der farblose Topas „Braganza", den man ursprünglich für einen Diamant hielt. Er ist Bestandteil der portugiesischen Krone, hat ein Gewicht von 1680 ct und stammt aus dem Jahr 1740. Im Natural History Museum in Chicago befindet sich ein blauer Stein von 5890 ct. Das Britische Museum in London besitzt Topase von 614 und 1300 ct, ebenso einen hellblauen, 3,6 kg schweren Topas aus Marambaya (Kristallgröße 18 x 13 x 5 cm); Unikat ist der gelbe

Topas „Santa Rosa" mit 117 kg Gewicht (Größe 43 x 41 x 40 cm). Ein noch größerer Kristall liegt im American Museum of Natural History in New York. Er wiegt 300 kg (Größe 80 x 60 x 60 cm) und stammt aus dem Staat Minas Gerais. Hier ist auch der größte geschliffene, farblose „Brasilianische Prinzessin" genannte Topas hinterlegt. Sein Gewicht beträgt 22000 ct. Im Jahre 1986 wurde in Brasilien ein 5 t schwerer Topas gefunden (Größe 2 x 1,8 m).

Auf dem amerikanischen Kontinent kommen Topase in vielen Staaten der USA vor, so in Colorado bei Pikes Peak, in Kalifornien bei San Diego, in Texas in Streeter, in Maine bei Stoneham. Weingelbe Topase stammen aus dem Staat Utah, dem Gebiet Thomas Range (die Kristalle erreichen Größen bis zu 5 cm). Auch New Hampshire (blaue Steine) und Virginia haben Topase. Hellrote Topase treten im Staat San Luis Potosí und Durango

Seltener rosafarbener Topas, 26 mm. Aus den Schwemmböden des Sanarka, Ural, Rußland.

Topas mit Albit und Muskovit, Höhe 45 mm. Shengus, Pakistan.

(Mexiko) auf. Weitere bedeutende Topaslagerstätten befinden sich in Rußland, vor allem im Ural und im Baikalgebiet. Bekannt sind die Schwemmböden des Flüßchens Sanarka. Im Ural erreichten die Topase bis zu 100 kg Gewicht. Hier sind Mursinka, Alabaschka und Juschkowa von Bedeutung. Im Baikalgebiet finden sich bei Scherlowaja Gora bläuliche Topase. Die Topase aus den Pegmatiten der Ukraine, aus der Gegend von Schitomira erreichen oft über 100 kg. Sie sind klar, blau, rosafarben und bräunlich. Viele große Kristalle und geschliffene Steine russischer und ukrainischer Topase sind in den Sammlungen des Fersman-Museums in Moskau beherbergt. Der „Goldener Wald" genannte Topas hat ein Gewicht von 5,38 kg, der Topas „Märchen" wiegt 2,81 kg und der hellblaue „Fersman-Topas" 2,11 kg. Ebenso liegt hier ein weingelber Topas mit 13,1 kg aus dem Jahre 1840, ein grünblauer Topas mit 32 kg (aus dem Jahre 1911) und ein hellblauer Topas aus Wolynien (Ukraine) mit einem Gewicht von 117 kg und den Ausmaßen 82 x 37 x 35 cm (aus dem Jahre 1964). Die Topase von der Insel Sri Lanka, die historisch am berühmtesten sind, treten in den Edelsteinseifen bei Ratnapura und Balangoda auf. Sie sind klar, goldgelb und hellgelb. Indien hat Topase im Staat Urisa, Birma bei Mogok. Die seltenen rötlichen Topase aus der Gegend von Mardan (Pakistan) erreichen Größen von über 3 cm. Hellrosa Steine stammen aus China, hellblaue aus der Mongolei. In Japan treten Topase in der Umgebung von Takayama (gelbe, braune, grüne), Ishigura und Naegi auf. Auf dem afrikanischen Kontinent werden Topase in vielen Staaten gefunden, große Kristalle vor allem auf Madagaskar. Auch in Kenia (im Gebiet Embu), Namibia (in den Pegmatiten von Spitzkopje) und Nigeria (schöne blaue Steine) kommen Topase vor, ebenfalls in Simbabwe (Scambula). Einige Gegenden Australiens weisen gleichfalls Topase auf. Am bedeutendsten sind hier die Fundstätten auf Tasmanien, in Neusüdwales (Gebiet Tinga) und in Westaustralien. In Europa wurden Topase schon im 18. Jahrhundert in Deutschland (Schneckenstein in Sachsen) gefördert. Sie sind weingelb und bis zu 80 kg schwer. Topase sind auch in Nordirland, Schottland, England und selten in der Tschechischen Republik zu finden.

Bearbeitung: Facettenschliff, Cabochons, Glypten.

Ähnliche Mineralien: Saphir, Goshenit, Aquamarin, Phenakit, Bergkristall, Citrin.

Imitationen: Synthetischer Korund, Glas, Quarz.

Identifikation: Härte, Dichte, optisch, Spaltbarkeit.

Empfehlung: In Anbetracht der höchst vollkommenen Spaltbarkeit sind die Steine vor heftigen Stößen und starken Temperaturänderungen zu schützen. Bearbeitete Steine können ihre Farbe verlieren, einige können radioaktiv sein.

Verschiedene farbige geschliffene Topase, der größte hat 132 ct. Wolynien, Ukraine.

46

SMARAGD

(Beryll-Gruppe)

$Al_2Be_3[Si_6O_{18}]$

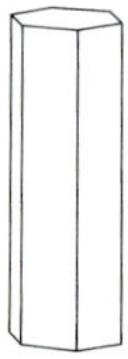

Der Name ist vom Griechischen abgeleitet, „smaragdos" – grüner Stein.

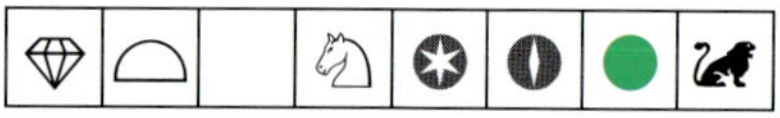

8

Geschichte: Der Smaragd galt stets als „König der Edelsteine". Er war bekannt, wurde gefördert und zierte Schmuck, Amulette und Kultgegenstände schon mehrere Jahrtausende v. Chr. Man fand Smaragde in den Grabkammern der ägyptischen Pharaonen und entdeckte sie in Pompeji

Smaragdkristall, 30 mm. Klassische Fundstätte Habachtal, Österreich.

Farbe: Smaragdgrün, dunkelgrün • **Transparenz:** Durchsichtig bis durchscheinend, undurchsichtig • **Glanz:** Glasglanz • **Bruch:** Muschelig, uneben • **Spaltbarkeit:** Unvollkommen • **Härte:** 7,5–8 (oft infolge von Inklusionen niedriger) • **Strichfarbe:** Weiß • **Dichte:** 2,67–2,90 • **Brechungsindex:** 1,560–1,600 • **Doppelbrechung:** -0,005 bis -0,009 • **Dispersion:** 0,014 • **Pleochroismus:** Deutlich • **Lumineszenz:** Meistens keine, manchmal orangerot • **Chemismus:** Beimischungen von Cr und V bestimmen die typische Farbe • **Besondere Merkmale:** Katzenaugeneffekt, selten Asterismus, dreizählige Verwachsungen (Trapiche-Smaragd) • **Veredelung:** Sättigung mit Öl, gegebenenfalls Färbung.

und Herculaneum. Auch die Bibel erwähnt sie. Smaragd wurde und wird zu Schmuckstücken, in Kronjuwelen und sakralen Gegenständen verwendet. Unikate Smaragde sind Bestandteil von Schätzen und Museen. Zahlreiche Smaragdrohlinge liegen in Wracks auf dem Meeresgrund zwischen Amerika und Europa. Die ungewöhnliche und markante Farbe dieses Edelsteins wurde zum Synonym für den offiziell anerkannten Farbton, das „Smaragdgrün".

Astrologie: Der Smaragd ist der Glücksstein der im Sternbild des Löwen, bzw. der im August Geborenen, er gehört zu den Apostelsteinen.

Chakra: Herz.

Wirkung auf den Körper: Er mildert Blähungen, heilt Gallen- und Leberleiden, Sodbrennen, Magengeschwüre, Herzbeschwerden und Schlaflosigkeit, er unterstützt das Gedächtnis und den Intellekt und wird zur Behandlung von Augenleiden verwendet.

Pflege des Steins: Ein verwendeter Stein sollte von Zeit zu Zeit unter fließendem Wasser entladen und dann kurz im Sonnenschein aufgeladen werden.

Genese: Die meisten Smaragdlagerstätten sind an metamorphosierte biotitische Schiefer, an methamorphosierte Kalksteine und hydrothermale Adern, manchmal an Pegmatite gebunden.

Vorkommen: Die weltweit älteste und klassische Fundstelle von Smaragden (es war einst eigentlich der einzige Smaragdfundort) liegt in Jabel-Zabarah und Jabel-Sikat in Oberägypten

Typischer Smaragdkristall, 20 mm. Muzo, Boyacá, Kolumbien.

(„Kleopatraminen"), wo den Archäologen zufolge die Ägypter, dann die Griechen, Römer, Araber und osmanischen Türken arbeiteten. Diese Minen gerieten im Mittelalter in Vergessenheit und warteten bis zum 19. Jahrhundert auf ihre Wiederentdeckung. Die prächtigsten Smaragde aus diesen Gruben befinden sich angeblich im Schatz der türkischen Sultane im Istanbuler Palast Top-Kapi oder im iranischen Schatz. Zu den Smaragden derselben Herkunft gehörte offenbar auch der linsenförmig geschliffene Stein, mit dem Kaiser Nero angeblich (wie Plinius anführt) die Spiele der Gladiatoren beobachtete.

Die bedeutendsten Smaragdlagerstätten hat Kolumbien (hier förderten schon vor der Entdeckung Amerikas die Inkas). Für die Alte Welt wurden sie um 1537 von den Spaniern entdeckt. Bekannt sind vor allem die Fundorte Muzo (nordwestlich von Bogotá), Chivor, Coscuez und Peña Blanca. Viele schöne natürliche und bearbeitete Steine befinden sich in den Domschätzen Spaniens, im iranischen Schatz und in manchen Museen. Zu den größten zählen unter anderen „Emilia" (7025 ct), der „Österreichische Smaragd" (2681 ct), die Vase „Kolumbia" (1976 ct), „Devonshire Emerald" (Kristall, 1384 ct) und „Patricia" (630 ct). Von den übrigen bedeutenderen Smaragdfundstätten sind die brasilianischen Fundorte Sohoto, Alagoihas, Carnaiba und Pilao Arcodo (Bahia), Pela Ema, Santa Annados Ferros (Minas Gerais) und Santa Terezinka (Goias) zu erwähnen. Der größte brasilianische Kristall hat ein Gewicht von 6300 ct. In den USA sind Smaragde aus der Hiddenit Mine (North Carolina) und vom Mt. Mica (Newry, Maine) bekannt. Zu den größten hier gefundenen Steinen gehören der „Stephenson-Smaragd" (1438 ct), der „Hiddenit-Smaragd" (1276 ct) und der „Stolen-Smaragd" (1270 ct).

Bei der Aufzählung der Smaragdfundorte dürfen einige klassische Lokalitäten in Europa nicht fehlen. Die bedeutendsten liegen in Rußland am Tokowaya-Fluß nördlich von Jekaterinburg. Die größten hier gefundenen Kristalle tragen die Bezeichnungen „Kokowina" (11 000 ct) und „Ruhmvoller Uraler" (3362 ct). Von historischer Bedeutung sind auch die Smaragdlagerstätten des Habachtals in Österreich, die schon den Römern bekannt waren.

Von den übrigen bedeutenden Smaragdförderstätten seien einige Fundorte in Afrika genannt, etwa Micu (Sambia oder Novello Cleims, Shikwanda, Mayfiel Fanu in Simbabwe oder Leydsdorpe (Südafrikanische Republik). In Nigeria, Ghana, Tansania und Namibia sind Smaragdfundstätten bekannt. In Asien werden Smaragde in Indien (Adjmer, Udajpur), Pakistan (Gudjarat-Kilh, Gandar, Tora-Tiga) und Afghanistan (Broken Hill, Aga-Kau, Emnanvill, Vegesatle Greek, Glen Creck) gefördert.

Druse mit Smaragdkristallen, 60 mm. Izumrudnyje Kopi, Ural, Rußland.

Trapiche-Smaragde, der größte Stein 28,02 ct. Peña Blanca, Muzo, Boyacá, Kolumbien.

Bearbeitung: Für hochwertige Steine wird der sogenannte „Smaragdschliff" angewendet, ein spezieller Treppenschliff. Reine, ungetrübte Steine werden jedoch auch mit Brillantschliff versehen, weniger wertvolle Exemplare zu Trommelsteinen, Cabochontäfelchen, Kugeln u.ä. verarbeitet. Der Smaragd ist ein sehr spröder Stein und stoß-, druck- und hitzeempfindlich. Bei Temperaturen um 700 °C verliert er die Farbe. Gegenüber den üblichen Säuren ist Smaragd unempfindlich, er wird überwiegend als solitärer Schmuckstein oder als Ergänzung zu Diamanten verwendet und meistens in Gold gefaßt.

Ähnliche Mineralien: Verdelith, Apatit, Demantoid, Uwarowit, Diopsid, Dioptas, Grossular, Hiddenit, Olivin.

Imitationen: Synthetischer Smaragd (Chatham-Smaragd, Linde-Smaragd, Gilson-Smaragd), grüner Spinell; gläserne Dubletten, die mit farbiger Klebemasse verkittet sind.

Identifikation: Optisch, Dichte, Smaragdlupe, Chelsea-Filter.

Empfehlung: Nicht mit Ultraschall oder Dampf reinigen; heftige Temperaturschwankungen vermeiden; geölte Steine können ihre Farbe verlieren. Achtung, Smaragd ist spröde!

Geschliffener Smaragd, 5,28 ct. Kolumbien.

50

8

AQUAMARIN

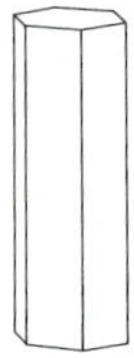

(Beryll-Gruppe)

$Al_2Be_3[Si_6O_{18}]$

Benennung nach der Farbe des Meerwassers, lateinisch „aqua marina".

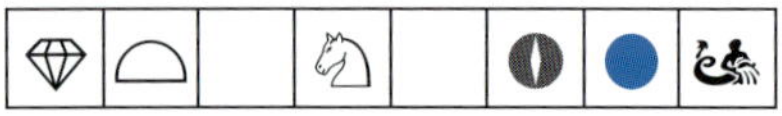

Geschichte: Der Aquamarin ist einer der beliebtesten Edelsteine. Er wurde vor allem im Mittelalter hoch geschätzt. Seinen Namen verwendete Boëtius de Boodt im Jahre 1604 erstmals. Oft bildet er große Kristalle, die einen eigenen Namen und eine besondere Geschichte haben. Aquamarin wurde in Kronjuwelen eingesetzt und, entsprechend geschliffen, in Monstranzfensterchen angebracht. Schon am Ende des Jahres 1300 wurden aus Aquamarin die ersten Linsen für Brillen geschliffen. Mittelalterlichen Astrologen zufolge hat der Stein die Macht, das Meer zu beruhigen. Er war Garant für Freundschaft und Gerechtigkeit, sein Besitzer war aller Sorgen ledig.
Astrologie: Er ist der Stein des „Wassermanns", aber auch der „Fische", „Waage" und „Zwillinge".
Chakra: Kehle.
Wirkung auf den Körper: Kräftigt das Herz, wird bei Erkrankungen der Atemwege, bei Hautallergien und neurologischen Leiden verwendet.

Farbe: Hellblau bis dunkelblau (Maxix-Aquamarin), auch grünblau; im Sonnenlicht verblaßt er • **Transparenz:** Durchsichtig, durchscheinend • **Glanz:** Glasglanz • **Bruch:** Uneben, muschelig • **Spaltbarkeit:** (0001) unvollkommen • **Härte:** 7,5–8, spröde • **Strichfarbe:** Weiß • **Dichte:** 2,6–2,80 • **Brechungsindex:** N_e 1,567–1,583, N_o 1,572 bis 1,590 • **Doppelbrechung:** -0,005 bis -0,009 • **Dispersion:** 0,014 • **Pleochroismus:** Schwach bis mittelmäßig • **Lumineszenz:** Keine • **Chemismus:** Färbung durch Beimischungen von Fe^{2+} und Fe^{3+} • **Besondere Merkmale:** Manchmal Katzenaugeneffekt • **Veredelung:** Durch Erhitzen.

Pflege des Steins: In fließendem Wasser waschen und zyklisch im Sonnenlicht aufladen.
Genese: Pegmatite, Seifen.
Vorkommen: Weltbekannte Vorkommen befinden sich in Brasilien, vor allem in den Pegmatiten im Staat Minas Gerais. Die Lagerstätten liegen in der Umgebung von Teófilo Otoni, Diamantína, Rio Doce und Sapucai. Begleitminerale sind hier Morganit, Lepidolith und stellenweise Kunzit (Itambacuri). Weitere Vorkommen befinden sich im Staat Bahia (Veruga, Bomu Jesus da Lapa) und Espírito Santo. Aquamarinseifen werden seit 1909 im Marambaya

Aquamarin, 59,86 ct. Dassu, Pakistan.

Goldenes Kreuz mit Aquamarinen und Diamanten, Höhe 90 mm. Böhmische Arbeit aus der ersten Hälfte des 19. Jahrhunderts.

geschürft. Von hier stammt auch ein Kristall von 110,5 kg Gewicht. Ähnliche Seifenlager haben der Rio Pedro und der Rio Contas (Bahia).
Sehr schöne Aquamarine mit Edelsteinqualität stammen von der Insel Madagaskar. Sie sind dunkelblau, aber auch grün bis smaragdgrün (Bevoni, Antsanantra, Betsinoba, Andotra). Die Aquamarine aus den USA sind an die Pegmatite in den Staaten Colorado, Maine und Kalifornien (Pala) gebunden. Die russischen Aquamarine kommen aus dem Ural und aus dem Baikalgebiet, schöne Steine liefert auch die Ukraine. Andere Vorkommen sind aus Simbabwe (Bikity, Miami, Salisbury), Tansania, Namibia, Moçambique, Kenia, der Republik Südafrika und aus Sri Lanka, Birma, Indien, in neuerer Zeit aus Pakistan, Afghanistan, China und Australien bekannt. In Europa treten Aquamarine in Irland und Norwegen auf.
Die Steine wurden immer geschliffen und als Kronjuwelen eingesetzt. In der englischen Krone befindet sich ein 920karätiger Aquamarin. Das Nationalmuseum in Prag besitzt einen großen geschliffenen brasilianischen Stein von 988 ct, ein etwas kleinerer Aquamarin (875 ct) ist im Britischen Museum in London zu sehen. Große Aquamarinkristalle wurden 1796 im Transbaikalgebiet (Rußland) gefunden (bis 82 kg Gewicht), andere große Kristalle, wie der „Martha Rocha" mit 54 kg und der „Jaceto" mit 18 kg, stammen aus Brasilien. Der größte geschliffene Aquamarin wiegt angeblich 2594 ct (Größe 146 x 47 x 38 mm).

Viele dieser geschliffenen Unikate sind Eigentum der Smithsonian Institution in Washington oder des American Museum of Natural History in New York.
Bearbeitung: Facettenschliff, Cabochons, Glypten.
Ähnliche Mineralien: Saphir, Topas, Spinell, Apatit.
Imitationen: Synthetischer Spinell und Korund, Glas.
Identifikation: Härte, Dichte, optisch.
Empfehlung: Reinigung problemlos, wenn keine Inklusionen auftreten. Achtung, Aquamarin ist spröde!

Aquamarinkristall, 127 mm. Shigar, Pakistan.

52

8

HELIODOR

(Beryll-Gruppe)

$Al_2Be_3[Si_6O_{18}]$

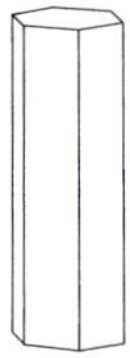

Benennung nach der sonnengelben Farbe (griechisch „helios“ – Sonne).

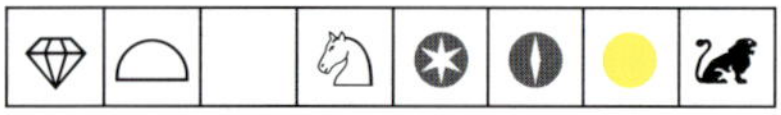

Farbe: Gelb mit grünlichen oder honigfarbenen Tönen, goldgelb, zitronengelb (Goldberyll, Davidsonit) • **Transparenz:** Durchsichtig, durchscheinend • **Glanz:** Glasglanz • **Bruch:** Uneben, muschelig • **Spaltbarkeit:** (0001) unvollkommen • **Härte:** 7,5–8, spröde • **Strichfarbe:** Weiß • **Dichte:** 2,72 • **Brechungsindex:** N_e 1,566–1,584, N_o 1,570 bis 1,591 • **Doppelbrechung:** -0,005 bis -0,009 • **Dispersion:** 0,014 • **Pleochroismus:** Schwach • **Lumineszenz:** Keine • **Chemismus:** Farbe durch Beimischungen von Fe^{3+} • **Besondere Merkmale:** Selten Asterismus und Katzenaugeneffekt • **Veredelung:** Erhitzen, Bestrahlen.

Geschichte: Dieser Beryll wurde erstmals 1910 in Namibia entdeckt. Wegen seiner zarten Farbtöne und hohen Qualität war er immer ein geschätzter Edelstein.

Astrologie: Er ist der Stein der im Sternbild des Löwen Geborenen.

Chakra: Nabel.

Wirkung auf den Körper: Wirkt günstig auf den Verdauungsapparat.

Pflege des Steins: Wie beim Smaragd.

Genese: Pegmatite.

Vorkommen: Erster Fund in Namibia in der Umgebung von Otavi und Rössing. Die namibischen Heliodore enthalten geringe Beimischungen von Uran und sind schwach radioaktiv. Die Steine kommen auch auf der Insel Madagaskar in den Pegmatiten bei Miami, Bikita und Salisbury vor. Heute ist Brasilien weltbedeutender Produzent von Heliodoren. Sie lagern in Pegmatiten in den Staaten Minas Gerais (Santa Maria do Sugau und Virgen da Lapa) und Bahia (Veruga). Hier wurden bis zu 70 cm lange Kristalle gefunden. Eine Besonderheit stellen die dunkelbraunen, golden getönten Berylle aus dem Gebiet Governador Valadares (Mina Gerais, Brasilien) dar. Zonal gefärbt sind die Heliodore von Mount Mica im Staat Maine (USA). Über 5 cm große Kristalle wurden im indischen Staat Urísa gefunden. Auf Sri Lanka sind Goldbe-

Typisch skulptierter Heliodorkristall, 75 mm. Wolynien, Ukraine.

rylle seit alters her bekannt. Vielleicht am größten und schönsten sind die Heliodore der Pegmatite aus der Gegend von Schitomir in der Ukraine. Der größte gelbgrüne Heliodor war 35 x 15 cm groß. Heliodore hat auch der Ural (Mursinka), das gleiche gilt für das Transbaikalgebiet und für Schweden (bei Varuträsk).

Die Sammlungen der Museen enthalten im allgemeinen geschliffene Steine, deren Gewicht 100 ct übersteigt. Die Smithsonian Institution in Washington besitzt einen geschliffenen gelben Beryll mit dem Gewicht von 133,5 ct und einen Katzenaugenheliodor aus Madagaskar von 43,5 ct. Im Britischen Museum in London liegen ein geschliffener gelber Heliodor, der ein Gewicht von 82,25 ct aufweist, und ein Kristall aus Madagaskar mit einer Länge von 27 cm und einem Gewicht von 4 kg. Das Royal Ontario Museum in Toronto beherbergt einen gelben geschliffenen Stein von 78,8 ct aus Brasilien.

Bearbeitung: Facettenschliff, Cabochons, Glypten.

Ähnliche Minerale: Saphir, Topas, Cubic Zirconia (CZ), Chrysoberyll, Citrin, Brasilianit.

Imitationen: Synthetischer Spinell, Fianit, YAG, Glas.

Identifikation: Härte, Dichte, optisch.

Empfehlung: Soweit keine Inklusionen vorhanden sind, ist die Reinigung problemlos; Achtung, der Heliodor ist spröde!

Goldberylle, der größte Stein hat 21 ct Gewicht. Volodarsk-Wolynsk, Ukraine.

MORGANIT

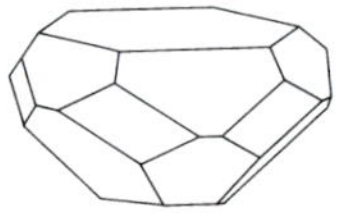

(Beryll-Gruppe)

$Al_2Be_3[Si_6O_{18}]$

Benennung nach dem amerikanischen Sammler John Pierpont Morgan d. Ä. im Jahre 1911.

Geschichte: Diese seltene Varietät des Berylls ist unter ihrem eigenen Namen erst seit 1911 bekannt (ähnlich gefärbte Berylle aus Rußland wurden nach dem russischen Mineralogen V. J. Worobjew „Worobjewite" genannt).
Astrologie: Waage, Stier.
Chakra: Herz.
Wirkung auf den Körper: Reinigend, wirkt positiv auf das Herz.

Farbe: Rosa, rosarot, violett • **Transparenz:** Durchsichtig, durchscheinend • **Glanz:** Glasglanz • **Bruch:** Uneben, muschelig • **Spaltbarkeit:** (0001) unvollkommen • **Härte:** 7,5–8 • **Strichfarbe:** Weiß • **Dichte:** 2,71 bis 2,90 • **Brechungsindex:** N_e 1,572–1,592, N_o 1,578–1,600 • **Doppelbrechung:** 0,008 bis 0,010 • **Dispersion:** 0,014 • **Pleochroismus:** Erkennbar • **Lumineszenz:** Manchmal schwach, violett • **Chemismus:** Farbe durch Beimischungen von Cs, Li und Mn • **Besondere Merkmale:** Manchmal Katzenaugeneffekt • **Veredelung:** Erhitzen, Bestrahlen.

Pflege des Steins: Wie beim Smaragd.
Genese: Pegmatite, Seifen.

Morganitdruse, Breite 105 mm. Pala, Kalifornien, USA.

Geschliffener Morganit, 191,60 ct. White Queen Mine, San Diego Co., Kalifornien, USA.

Bearbeitung: Facettenschliff, Cabochons, Glypten.
Ähnliche Minerale: Topas, Saphir, Spinell, Kunzit.
Imitationen: Synthetischer Spinell, CZ, YAG, Glas, synthetischer Morganit.
Identifikation: Härte, Dichte, optisch.
Empfehlung: Sofern keine Inklusionen vorhanden sind, ist die Reinigung problemlos. Hitze ist zu vermeiden, bei Tageslicht verliert der Stein seine Farbe. Achtung, er ist spröde!

Vorkommen: Wurde in den USA aus den Gebieten Ramona und Pala in Kalifornien beschrieben. Er begleitet verschiedene Turmalin-Varietäten. Morganite treten auch bei Notway im Staat Maine auf. Bedeutende Vorkommen bieten die Lagerstätten in Brasilien, vor allem im Staat Minas Gerais (Alto do Gis). Die Steine von Maharitra sind markant rosa und von hoher Qualität. Auch geschliffene Steine bis zu 500 ct Gewicht sind bekannt. Eine aus Morganit gefertigte kleine Statue mit den Maßen 11 x 6 cm geht auf einen Fund von Anjanabonoina zurück. In den Sammlungen des Petersburger Museums befindet sich sogar ein geschliffener Stein mit einem Gewicht von 598,7 ct und ein Morganitrohling aus Madagaskar, der 5 kg wiegt. In der Smithsonian Institution in Washington liegen mit Facettenschliff bearbeitete Morganite mit Gewichten von 56 bis 287 ct, im Royal Museum in Toronto einer von 118,6 ct. All diese Steine stammen aus Madagaskar oder Brasilien. Andere bedeutende Morganitfundgebiete liegen in Moçambique (in der Umgebung von Alto Ligonha), Simbabwe, Namibia, in China, Rußland (Ural), Italien (Insel Elba) und Kasachstan. Der rote Beryll, „Bixbit" genannt, stammt von den Fundstätten Wah Wah Mountain (USA). Die aus ihm geschliffenen Steine sind nicht schwerer als 10 ct.

Roter Beryllkristall, „Bixbit", Höhe 17 mm. Violet Claim, Wah Wah Mountain, Utah, USA.

56

PHENAKIT

$Be_2[SiO_4]$

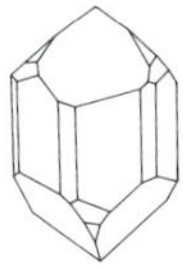

Benennung nach dem griechischen „phenas" – Betrüger (denn er wurde mit Quarz verwechselt).

8

Geschichte: Wurde 1833 beschrieben; wird nur sehr selten als Schmuckedelstein bearbeitet.
Genese: Pegmatite, Seifen.
Vorkommen: Große Kristalle (bis zu 8 cm) kommen im Habachtal in Österreich vor. In Rußland fand man Kristalle bis zu 18 cm Größe (Ural). Gelbe und hellrote Kristalle stammen aus Brasilien, auch aus den USA, Mexiko, Sri Lanka (bekannt ist ein geschliffener Stein von 569,0 ct), Birma, Tansania und Madagaskar.
Bearbeitung: Facettenschliff.
Ähnliche Minerale: Bergkristall, Topas, Apatit.
Imitationen: Synthetischer Phenakit.

Farbe: Farblos, gelb, rosa, weingelb, braun • **Transparenz:** Durchsichtig, durchscheinend • **Glanz:** Glasglanz • **Bruch:** Muschelig • **Spaltbarkeit:** $(11\bar{2}0)$ unvollkommen • **Härte:** 7,5–8, spröde • **Strichfarbe:** Weiß • **Dichte:** 2,93–3,00 • **Brechungsindex:** N_e 1,670, N_o 1,654 • **Doppelbrechung:** 0,016. **Dispersion:** 0,015 • **Pleochroismus:** Deutlich, farblos bis orangegelb • **Lumineszenz:** Manchmal hell violett bis rosa • **Chemismus:** In Säuren unlöslich • **Besondere Merkmale:** Keine • **Veredelung:** Nicht bekannt.

Identifikation: Härte, Dichte, optisch.
Empfehlung: Verhältnismäßig sichere Reinigung mit Ultraschall und Dampf.

Phenakit aus dem Ural, größter Stein 10 ct. Malyschevo, Ural, Rußland.

EUKLAS

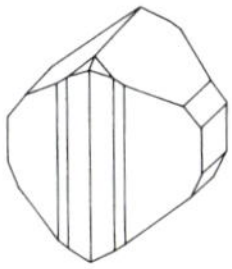

$AlBe[(OH)(SiO_4)]$

Benennung nach der ausgeprägten Spaltbarkeit (griechisch „eu" – gut, und „klasis" – Brechen).

Geschichte: Obwohl schon 1792 beschrieben, wird Euklas noch nicht lange als Edelstein verwendet.

Genese: Pegmatite.

Vorkommen: Reiche Vorkommen blauer und grüner Euklaskristalle finden sich in Brasilien (Größen bis zu 4 cm). Von hier stammen geschliffene Steine mit einem Gewicht bis zu 25 ct. Große Euklaskristalle (bis 8 cm) treten auch in Simbabwe, Uganda, Zaire, der Republik Südafrika, in Rußland, Norwegen und Österreich auf.

Euklaskristall, 21 mm. Hope Mine, Miami, Simbabwe.

Farbe: Farblos, grünlich, blau • **Transparenz:** Durchsichtig, durchscheinend • **Glanz:** Glasglanz, Diamantglanz • **Bruch:** Muschelig • **Spaltbarkeit:** (010) höchst vollkommen • **Härte:** 6,5–7,5 • **Strichfarbe:** Weiß • **Dichte:** 3,0–3,1 • **Brechungsindex:** N_p 1,652, N_m 1,656, N_g 1,672 • **Doppelbrechung:** 0,019 bis 0,025 • **Dispersion:** 0,016 • **Pleochroismus:** Schwach bis intensiv, gelblich bis blaugrün • **Lumineszenz:** Manchmal dunkelrot, undeutlich • **Chemismus:** Die Färbung entsteht durch Cr^{3+} • **Besondere Merkmale:** Keine • **Veredelung:** Nicht bekannt.

Bearbeitung: Facettenschliff, Cabochons.
Ähnliche Minerale: Aquamarin, Hiddenit, Topas.
Imitationen: Nicht bekannt.
Identifikation: Dichte, Härte, optisch.
Empfehlung: Vor mechanischer Beschädigung schützen. Reinigung mit Ultraschall ist riskant; nie mit Dampf reinigen.

ANDALUSIT

$Al_2[O(SiO_4)]$

Benennung nach dem Fundgebiet Andalusien in Spanien.

Farbe: Grau, rotgrau, rosa, violett, blau, selten auch grün (Viridin) • **Transparenz:** Durchsichtig bis undurchsichtig • **Glanz:** Glasglanz, matt • **Bruch:** Uneben • **Spaltbarkeit:** (110) gut • **Härte:** 6,5–7,5, spröde • **Strichfarbe:** Weiß • **Dichte:** 3,13–3,17 • **Brechungsindex:** N_p 1,629–1,640, N_m 1,633 bis 1,644, N_g 1,638–1,650 • **Doppelbrechung:** -0,007 bis -0,011 • **Pleochroismus:** Scharf, markant, olivgrün bis rot • **Lumineszenz:** Schwach, grün bis gelbgrün • **Chemismus:** Färbung entsteht durch Beimischungen von Mn (Varietät Viridin) • **Besondere Merkmale:** Selten Katzenaugeneffekt • **Veredelung:** Durch Erhitzen.

Geschichte: In der Natur kommt Andalusit häufig vor, ist aber als Edelstein selten.
Genese: Metamorphite, Pegmatite, Seifen.
Vorkommen: Mineralogisches Vorkommen in Andalusien (Spanien). Bedeutendere Lagerstätten hat Brasilien. Die Andalusitkristalle erreichen 75–100 ct Gewicht, aus ihnen werden schöne facettierte Steine geschliffen. In den Seifenlagerstätten Brasiliens zeigten sich auch bräunliche Andalusite. Sie stammen vor allem aus den Staaten Minas Gerais und Espírito Santo.
Andalusite wurden ebenso in den Edelsteinseifen Sri Lankas gefunden, vereinzelt kommen sie in Indien und Birma vor (als dunkelblaue Kristalle). Auf dem amerikanischen Kontinent treten sie in den USA (Kalifornien, Maine, Connecticut und New Mexico) und in Kanada in der Provinz Quebec auf. In Australien sind sie in Seifen enthalten. In Rußland wurden Andalusite in der Umgebung von Nertschinsk festgestellt. Neuere Funde schöner Kristalle (bis zu 20 cm) stammen aus Usbekistan. Viridine sind aus Schweden (Ultevis) bekannt. Andalusite aus Deutschland, Tschechien und Österreich haben geringere Qualität. Eine Besonderheit stellen die blauen Andalusitkristalle aus Belgien dar.

Größere geschliffene Steine sind sehr selten. In der Smithsonian Institution in Washington sind ein brauner geschliffener Stein von 28,3 ct und ein grünbrauner, 13,5 ct schwerer geschliffener Andalusit zu bewundern. Beide Exemplare stammen aus Brasilien.
Bearbeitung: Facettenschliff, Cabochons.
Ähnliche Mineralien: Verdelith, Rubellit, Chrysoberyll.
Imitationen: Glas.
Identifikation: Härte, Dichte, optisch.
Empfehlung: Mechanische Beschädigung vermeiden; Reinigung ohne Probleme.

Andalusit mit Brillantschliff, 4 mm.

CHIASTOLITH

(Varietät des Andalusits)

$Al_2[O(SiO_4)]$

Benennung nach dem charakteristischen Kreuz im Querschnitt des Kristalls („chiastos" – Kreuz).

Geschichte: Wegen des charakteristischen Kreuzes im Querschnitt diente Chiastolith schon seit alters her zur Anfertigung von Amuletten.
Genese: Metamorphite.
Vorkommen: Chiastolithe sind aus dem Fichtelgebirge in Deutschland bekannt. Sie kommen auch bei Santiago de Compostela in Spanien, in der Bretagne in Frankreich und in den französischen Pyrenäen vor. In England sind sie selten. In Rußland werden Chiastolithe im Transbaikalgebiet gefunden. Schöne Steine stammen aus der Umgebung von Bona in Algerien und von mehreren Lokalitäten in Arizona, USA. Die vielleicht schönsten Chiastolithe wurden im Gebiet von Bimbowrie in Australien gefunden. In jüngster Zeit entdeckte man in China hochwertige Steine.

Farbe: Grau, braun • **Transparenz:** Undurchsichtig • **Glanz:** Matt • **Bruch:** Uneben • **Spaltbarkeit:** (110) gut • **Härte:** 6,5–7,5 spröde • **Strichfarbe:** Weiß • **Dichte:** 3,13 bis 3,17 • **Brechungsindex:** N_p 1,629–1,640, N_m 1,633–1,644, N_g 1,638–1,650 • **Doppelbrechung:** 0,007–0,011 • **Pleochroismus:** Scharf, markant, olivgrün bis rot • **Lumineszenz:** Schwach, grün bis gelbgrün • **Chemismus:** Die Färbung entsteht durch Beimischungen von Mn • **Besondere Merkmale:** Keine • **Veredelung:** Nicht bekannt.

Bearbeitung: Tafelschliff, Cabochons, natürliche Steine ohne Bearbeitung.
Ähnliche Minerale: Keine.
Imitationen: Glas.
Identifikation: Härte, charakteristisches Kreuz.
Empfehlung: Reinigung ohne Probleme.

Angeschliffene Chiastolithe, leicht vergrößert. Die beiden oberen Steine stammen aus China, die übrigen aus Bimbowrie, Australien.

60

7

ZIRKON

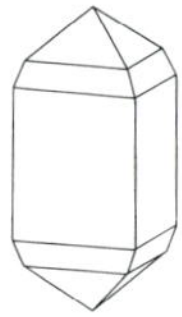

$Zr[SiO_4]$

Der Name entspricht der chemischen Zusammensetzung.

Geschichte: Zirkon ist seit alters her bekannt und wird schon von Theophrast erwähnt. Im 15. und 16. Jahrhundert galt er als Modestein. Besonders beliebt war die Varietät Jargon. Die Varietät Hyacinth diente als Talisman, der die Menschen vor Schmerzen und Giften bewahrte (diese Wirkung behauptete schon Aristoteles). Im Mittelalter war er der Stein der Weisheit. Er schützte vor bösen Geistern und bösen Träumen, regte den Appetit an, stillte Durst und kräftigte die Nerven.
Astrologie: Er ist der Stein des „Wassermanns".
Chakra: Stirn.
Wirkung auf den Körper: Heilbehandlung durch Auflegen der Steine (bei Lungenleiden, Allergien) und durch „Zirkonwasser" (für Leber und Bauchspeicheldrüse).
Pflege des Steins: Entladung unter fließendem Wasser.
Genese: Magmatite, Pegmatite, Seifen.
Vorkommen: In der Natur recht häufig, bildet aber nur selten große Edelsteinkristalle. Diese kommen bei Renfrew in Kanada (Kristalle bis zu 7 kg), und in Miass im Ural in Rußland (Kristalle bis zu 3,5 kg) vor. Zirkone aller Farben mit Edelsteinqualität treten auf Sri Lanka in den Gebieten Ratnapura und Matara auf. Gelbliche und blaue Steine findet man im Gebiet von Kha in Thailand,

Farbe: Klar (Matura-Diamant), gelb (Jargon), rot, orangerot (Hyacinth), grün, blau (Starlit), braun und schwarz • **Transparenz:** Durchsichtig, durchscheinend • **Glanz:** Glasglanz, Diamantglanz, Fettglanz • **Bruch:** Muschelig • **Spaltbarkeit:** (110) unvollkommen • **Härte:** 6,5–7,5 , spröde • **Strichfarbe:** Weiß • **Dichte:** 3,9–4,8 • **Brechungsindex:** N_e 1,78–2,01, N_o 1,81–1,97 • **Doppelbrechung:** 0,059 (bei grünen Steinen keine) • **Dispersion:** 0,039 • **Pleochroismus:** Offensichtlich, vor allem bei blauen Steinen • **Lumineszenz:** Gelb, orange, grüngelb, manchmal keine • **Chemismus:** Die Färbung entsteht durch Beimischungen von Y, Nb, V und Lanthanoiden • **Besondere Merkmale:** Manchmal radioaktiv, selten Katzenaugeneffekt • **Veredelung:** Erhitzen (Oxidations- oder Reduktionsbrennen).

Verschiedenfarbige Zirkon-Rollsteine, 10 mm. Sri Lanka.

Geschliffene Zirkone, 1,92 ct und 2,45 ct.

zart gefärbte Jargone im Raum von Anakie in Australien und bei Mogok in Birma. Manche weisen Katzenaugeneffekt auf. Ähnliche Zirkone kommen in Vietnam und Kambodscha vor. Rote Hyacinthe sind aus Rußland (Ural), von Madagaskar und aus Frankreich bekannt. Gelbe und gelbbraune Hyacinthe stammen aus Australien, der Republik Südafrika, Tansania und Brasilien. Sehr selten sind Funde natürlicher Starlite. Starlite werden meistens mit Temperaturen von 800–1000 °C aus Hyacinthen gebrannt, ihre Farbe verblaßt im Sonnenlicht aber manchmal. Natürlich kommen Starlite bei Kha in Thailand, in Kambodscha und auf Sri Lanka vor.
Die wohl größten und schönsten geschliffenen Zirkone werden in der Smithsonian Institution in Washington aufbewahrt. Hier liegen ein brauner geschliffener Stein aus Sri Lanka mit einem Gewicht von 118,1 ct, ein gelbbrauner Zirkon aus Sri Lanka (97,6 ct), ein rotbrauner aus Birma (75,8 ct), ein brauner (64,2 ct) und ein blauer (103,2 ct) aus Thailand sowie ein 23,5karätiger grüner Stein aus Sri Lanka. Ein geschliffener grünblauer Zirkon (208 ct) aus Sri Lanka ist in den Sammlungen des American Museum of Natural History in New York enthalten. Blaue Zirkone besitzt das Royal Ontario Museum in Toronto, ihr Gewicht beträgt 61,69 ct, 63 ct und 17,8 ct.
Bearbeitung: Facettenschliff, Cabochons.

Ähnliche Mineralien: Saphir, Aquamarin, Topas, Sinhalit, Titanit.
Imitationen: Synthetischer Spinell und Rutil, Glas.
Empfehlung: Die Reinigung mit Ultraschall oder Dampf ist riskant. Einige Steine verlieren durch Erhitzen oder im Licht ihre Farbe.

Zirkone mit Brillantschliff, der größere Stein hat 9 ct. Trubka Mir, Mironowo, Jakutsk, Rußland.

62

GRANAT

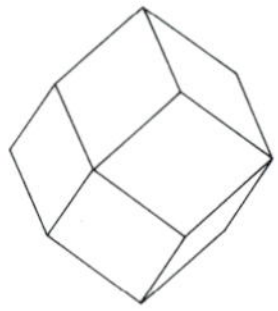

$X_3Y_2[SiO_4]_3$
X^{2+} – Mg, Fe, Ca, Mn
Y^{3+} – Al, Fe, Cr, Ti, Zr, V

Benennung
nach dem lateinischen „granatus“ – Korn.

7

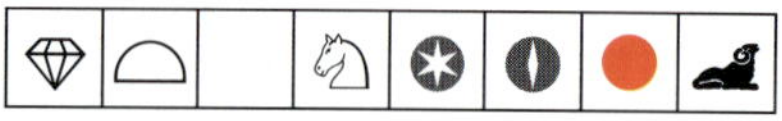

Geschichte: Seit alters her beliebt. Das beweisen die Funde bei den Skythen (aus dem 6–4. Jahrhundert v. Chr.). Plinius nannte die Granate zusammen mit anderen roten Steinen „Karfunkelsteine“. Von der gesamten Granat-Gruppe war der Pyrop wohl am beliebtesten. Er wurde im 16. Jahrhundert in Böhmen häufig verarbeitet (man trug ihn am Hals gegen den bösen Blick) und ist hier auch heute noch von Bedeutung. Almandine mannte man zur Zeit Plinius´ d. Ä. „carbuncul alabandicus“. Dem Granat wurde magische Kraft zugeschrieben, er stärkte die Vitalität, schützte vor Feinden und förderte die Phantasie. Er ist der Stein der Liebe.

Charakteristischer Almandinkristall, 50 mm. Russel, Massachusetts, USA.

Farbe: Rot (Pyrop), braunrot (Spessartin, Andradit), violettrot (Almandin, Rhodolith), rosafarben (Rhodolith), grün (Grossular, Andradit, Uwarowit), gelbgrün (Grossular), schwarzbraun, schwarz (Melanit), farblos (Grossular) • **Transparenz:** Durchsichtig, durchscheinend • **Glanz:** Stark, Glasglanz • **Bruch:** Muschelig, splittrig • **Spaltbarkeit:** (110) undeutlich • **Härte:** 6,5–7,5, spröde • **Strichfarbe:** Weiß • **Brechungsindex/ Dichte:** Pyrop (Rhodolith) 1,730 bis 1,766/3,79–3,89; Almandin 1,750–1,830/3,95 bis 4,30; Grossular (Hessonit, Tsavorit, Romanzovit, Rosolit) 1,720–1,800/3,40–3,71; Andradit (Demantoid, Topazolith, Melanit) 1,880–1,940/3,70–4,10; Uwarowit 1,74 bis 1,87/3,40–3,80; Spessartin 1,790–1,810/ 3,80–4,25 • **Doppelbrechung:** Keine • **Dispersion:** 0,022–0,057 • **Pleochroismus:** Fehlt • **Lumineszenz:** Keine • **Chemismus:** Die Farbe wird durch Beimischungen von Cr^{3+} und Fe^{3+} verursacht • **Besondere Merkmale:** Asterismus, Katzenaugeneffekt, Alexandrit-Effekt • **Veredelung:** Ist nicht bekannt.

Astrologie: Er gilt allgemein als Stein der „Widder“. Die Griechen des Altertums betrachteten den Pyrop als Stein des „Löwen“, andere als den des „Steinbocks“.

Chakra: Elementarchakra.

Wirkung auf den Körper: Reguliert den Blutdruck, unterstützt die Bildung roter Blutkörperchen, wird zur Behandlung rheumatischer Beschwerden und bei Gelenkentzündungen verwendet und hat bedeutenden Einfluß auf die Psyche. Der Granat dient auch zur Steigerung der sexuellen Aktivität.

Pflege des Steins: Unter fließendem Wasser entladen, dann in eine starke Kochsalzlösung eintauchen und im Sonnenlicht aufladen.

Genese: Magmatite, Metamorphite, nicht so häufig Pegmatite, oft Seifen.

Vorkommen: Der Pyrop kommt in vielen Ländern vor. Traditionelle Stellung hatte seine Förderung und Bearbeitung vor allem in Böhmen („Böhmische Granate“). Hier sind Seifenlagerstätten mit einer Fläche von etwa 70 km^2 bekannt. Weitere

Grossularkristall, 17 mm. Jeffrey Mine, Âsbestos, Quebec, Kanada.

bedeutende Lagerstätten hat die Republik Südafrika, insbesondere in der Kapprovinz („Kaprubine"). Hier sind die Pyrope etwas größer als in Böhmen. Kleinere Vorkommen bestehen in Rußland, vor allem in der Gegend von Jakutsk, wo sie ähnlich wie in der Republik Südafrika zusammen mit Diamanten auftreten. In den USA werden Pyrope unter anderem in Colorado und Arizona gefunden. Am bekanntesten ist der „Arkansas-Rubin". Kleinere Vorkommen befinden sich in Neu Mexiko und Utah. Pyrope werden auch aus Brasilien, Argentinien, Australien (Anakie), Tansania (bis zu 25 g in Edelsteinqualität), Zaire, Simbabwe und der Mongolei (im Gebiet Schavarin-Caram) gemeldet. In neuerer Zeit entdeckte man starke Akkumulation von Pyropen in Nigeria, im Gebiet Panyam.

Rhodolith ist eine Granatvarietät, die in ihrer Zusammensetzung zwischen Pyrop und Almandin liegt. Er wird auf Sri Lanka, in Simbabwe, Kenia und Tansania gefördert. **Almandine** sind die verbreitetsten Vertreter der Granat-Gruppe. Bedeutende Vorkommen haben Südindien und Sri Lanka. Steine von guter Qualität werden auch in der Mongolei (Altan-Chuduk), in Brasilien (im Staat Minas Gerais) und in den USA (New York) gefunden. Große Kristalle sind von der Insel Fort Wrangel, von Madagaskar, aus Österreich, aus der Tschechischen Republik, aus Norwegen und aus Rußland bekannt. Der **Grossular** wird vor allem auf Sri Lanka und in Rußland (Fluß Wiljui), in Tansania (Umba River), Kenia, Mexiko und in den USA (Kalifornien, Washington) gefunden. Der aus der Republik Südafrika stammende Grossular wird

Andradit, 14 mm. Sonora, Mexiko.

Farben der Grossularandradite, größter Stein 5 ct. Diakon, Mali.

„Transvaal-Jadeit" genannt. Braunschwarze ***Romanzovite*** werden in Finnland, die braunen Kristalle der ***Hessonite*** in der Tschechischen Republik, in Rußland und Spanien gefunden. Smaragdgrüne ***Tsavorite*** kommen vor allem in Tansania (bis zu 5 cm große Kristalle), im Nationalpark Tsavo, vor, aber auch in Kenia und Usbekistan. Gegenwärtig gelangt Rohmaterial aus Mali auf den Markt, das eine breite Skala von gelben, braunorangen bis grünen Steinen aufweist.

In Mexiko werden ***Andradite*** mit Edelsteinqualität (Kristalle bis zu 1 cm) gefördert, ebenso auf der griechischen Insel Serifos, auf der Insel „Prince of Wales" in Alaska (Kristalle bis zu 7 cm) und in Rußland (Halbinsel Kola). Schwarze, undurchsichtige ***Melanite*** kennt man von Deutschland, Italien und Frankreich. Schöne smaragdgrüne ***Demantoide*** werden oft an Chromitlagerstätten etwa in Rußland (Ural), Italien (Val Malenco) und in den USA (Arizona) gefunden. ***Topazolithe*** sind äußerst selten und kommen in Rußland (Ural), Italien (Val Malenco) und Arizona vor, wo die bronzebraunen Kristalle bis zu 5 cm groß sind. Olivgrüne Steine stammen aus Kalifornien, seltener aus der Schweiz, in den Schwemmböden auf Sri Lanka sind sie häufig. Der ***Uwarowit*** ist ein seltener Granat und ebenfalls Chromitbegleiter. Weltbekannt sind seine Vorkommen im Ural in Rußland, schöne Steine stammen auch aus der Türkei, aus Iran, der Republik Südafrika, Äthiopien und den USA (Oregon). ***Spessartin*** kommt in der Natur häufig vor, ist in Edelsteinqualität jedoch seltener. In neuerer Zeit wurden sehr schöne und große (bis zu 2 cm) Spessartinkristalle im Gebiet von Gilgit in Pakistan gefunden. Sie treten auch auf Sri Lanka, in Brasilien, in den USA, Mexiko, Tansania (bis zu 5 cm große Kristalle), Kenia und auf der griechischen Insel Serifos (Kristalle bis zu 1 cm) auf.

Verschiedene geschliffene Granate befinden sich vor allem in der Smithsonian Institution in Washington, z.B. Almandine von 174 und 67,3 ct (aus Idaho), ein Grossular von 64,2 ct (von Sri Lanka), ein Andradit von 10,4 ct (aus Rußland), ein Rhodolith von 74,3 ct (aus Tansania) und ein Spessartin von 109 ct (aus Brasilien). Von den Pyropen wird als größter geschliffener Stein ein Exemplar von 633,4 ct erwähnt, das aus Böhmen stammte. Diese Angaben beruhen aber nur auf literarischen Quellen. In der Granatkollektion der

Almandin, Stikine River, Wrangel, Alaska, USA.

Ulrike von Löwitzow hat der größte Pyrop 13,2 ct (aus Böhmen).

Bearbeitung: Facettenschliff, Cabochons, Miniaturglypten.

Ähnliche Mineralien: Spinell, Rubin, Smaragd, Vesuvian, Chromdiopsid.

Imitationen: Spinell, Glas, YAG, synthetischer Korund.

Identifikation: Härte, Dichte, optisch.

Empfehlung: Rasche Temperaturveränderungen können Sprünge verursachen; nicht mit Dampf reinigen.

Granate: Rhodolith 10,50 ct, Tsavorit 3,39 ct, Spessartin 16,45 ct.

TURMALIN

66

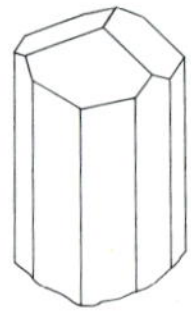

$XY_3Z_6[(OH)_4(BO_3)_3(Si_6O_{18})]$
X^{+} – Na
Y^{2+} – Fe, Mg, Ca, Mn, (Li+Al)
Z^{3+} – Al, Fe

Benennung nach dem singhalesischen Wort „turamali" – mehrfarbig.

7

Geschichte: Im Jahre 1703 brachten Holländer von Sri Lanka Steine mit der Bezeichnung „turmali" nach Europa. Als Edelsteine verwendete man seit jeher Rubellite – sie dienten den Künstlern als Talismane, da sie die künstlerische Schaffenskraft anregen sollten. Durch ihre elektrischen Eigenschaften sind sie zur Übertragung von Energie vorbestimmt. Der Turmalin wurde zum spirituellen Stein.

Elbaitkristall auf Albit, 45 mm. Lavra do Crusiero, Minas Gerais, Brasilien.

Farbe: Farblos (Achroit), rot (Rubellit), blau (Indigolith, Dravit, Schörl), grün (Veredelith, Uvit, Dravit), gelb (Elbait, Tsilaisit), braun, gelbbraun (Dravit, Buergerit) und schwarz (Schörl, Uvit, Buergerit), mehrfarbig (Elbait, Liddicoatit) • **Transparenz:** Durchsichtig bis undurchsichtig • **Glanz:** Glasglanz • **Bruch:** Uneben, muschelig • **Spaltbarkeit:** $(10\bar{1}1)$ unvollkommen • **Härte:** 7–7,5 • **Strichfarbe:** Weiß • **Dichte:** 3,02–3,41 • **Brechungsindex/Doppelbrechung:** Elbaite (Achroit, Indigolith, Rubellit, Verdelith) N_e 1,615–1,620, N_o 1,640–1,655/-0,025 bis -0,035; Dravit N_e 1,610–1,632, N_o 1,635–1,661/-0,021 bis -0,026; Schörl N_e 1,625–1,650, N_o 1,655 bis 1,675/-0,025 bis -0,035; Liddicoatit N_e 1,621, N_o 1,637/-0,016; Tsilaisit N_e 1,622 bis 1,623, N_o 1,645–1,648/0,023–0,028; Uvit N_e 1,612 bis 1,639, N_o 1,632–1,660/-0,017 bis -0,021; Buergerit N_e 1,655–1,670, N_o 1,735/-0,065 bis -0,080 • **Dispersion:** 0,017 • **Pleochroismus:** Starker Dichroismus • **Lumineszenz:** Manchmal gelb (Dravit), grün, blau (Elbait, Liddicoatit), dunkelviolett (Achroit) oder keine (Schörl) • **Chemismus:** Intensive Färbung durch Li, Mn und Cr, bei Temperaturen von 150–650 °C verstärkt sich die Farbe • **Besondere Merkmale:** Katzenaugeneffekt, selten Alexandrit-Effekt • **Veredelung:** Bestrahlen, Erhitzen.

Astrologie: Fische, Skorpion.
Chakra: Herz.
Wirkung auf den Körper: Gegen Schwindelanfälle, stärkt das Gedächtnis.
Pflege des Steins: In Wasser reinigen, im Sonnenlicht aufladen.
Genese: Pegmatite, Metamorphite, Magmatite und Seifen.
Vorkommen: ***Elbaite*** treten in den Pegmatiten Brasiliens auf. Bedeutende Vorkommen hat der Staat Minas Gerais. Im Jahre 1978 wurden an der Lagerstätte Itataia bis zu 1 m lange Kristalle gefunden. Ein schöner dunkelroter Edelsteinkristall, „The Flower of Brasil", war 25 x 11 cm groß. Das Gebiet Virgem da Lapa weist mehrfarbige Elbaite

Querschnitt eines Liddicoatits, 123 mm. Madagaskar.

auf. Bei Santa Rosa haben die Kristalle einen roten Kern und einen grünen Rand. Ergiebig ist auch die Umgebung von Morro Redondo. Mehrfarbige Elbaite hat der Staat Connecticut, USA. Produzenten qualitätsvoller Elbaite sind Afghanistan (Nuristan), Moçambique (Alto Ligonha), Madagaskar und Sambia. Schöne rosafarbene Turmaline treten in Rußland auf, im Ural (**Sibirit**) und im Transbaikalgebiet. Ihren Namen erhielten die Elbaite nach der italienischen Insel Elba. Sie kommen auch in der Tschechischen Republik vor.

Aus Brasilien stammt eine **Rubellit**druse mit bis zu 40 cm großen Kristallen und einem Gewicht von 4 t. Rubellite kommen ebenfalls in den USA vor, besonders schöne Steine in Kalifornien, im Gebiet von Pala. Aus dem Jahre 1969 stammt eine 32 x 27 cm große Rubellitdruse (sie befindet sich jetzt in der Smithsonian Institution in Washington). Schöne Rubellitkristalle werden derzeit von der Himalaya Mine gewonnen.

Aus den Pegmatiten Brasiliens stammen auch viele **Indigolithe**. Von Morro Redondo sind bis zu 10 cm lange Kristalle bekannt. Indigolithe finden sich auch in den USA in Kalifornien und Maine, ebenso in Klein Spitzkopje in Namibia. Sehr selten kommen sie in der Umgebung von Betafo auf Madagaskar vor.

Elbaitkristall auf Quarz, 32 mm. Minas Gerais, Brasilien.

Elbaitkristalle auf Quarz, 120 mm. Tourmaline Qeen Mine, Pala, Kalifornien, USA.

Eine Rarität sind blaue **Dravite** aus China. Simbabwe hat grüne Dravite. In neuerer Zeit kommen schöne Kristalle aus Afghanistan und Pakistan. In Europa werden sie in Mähren und Böhmen und auf der italienischen Insel Elba gefunden. Gelbe und zimtgelbe Dravite sind von Sri Lanka bekannt („Ceylon-Olivin"). Sie treten auch in Kenia (rotbraun) und in Tansania (smaragdgrün) auf. Braune Dravite von Größen bis zu 15 cm stammen aus Westaustralien. Dravite kommen auch in Tadschikistan (Pamir) und in Rußland (Ural) vor.
Mit Rubelliten und Indigolithen treten fast immer **Verdelithe** auf. Schöne, bis 10 cm große Kristalle stammen aus Minas Gerais in Brasilien. Ein außergewöhnlich großer Kristall von 1 m Länge und 20 cm Dicke, „The Rocket", wurde bei Itataia gefunden. Besonders wertvoll ist der Kristall „The Jolly Green Giant" mit einer Größe von 27 x 10 cm, der in den Sammlungen des American Museums of Natural History in New York liegt. Verdelithe werden auch in Moçambique (Alto Ligonha), Sambia und Tansania entdeckt.
Sehr selten sind die **Achroite**. Sie kommen auf der Insel Madagaskar, in Brasilien, in den USA (Kalifornien), auf der Insel Elba und in Afghanistan vor. Eine Rarität sind gelbe und braune **Tsilaisite** aus den Pegmatiten Nepals und Moçambiques. Schwarze **Schörle** werden nur selten zu Schmucksteinen verarbeitet. Große Kristalle stammen aus Brasilien, den USA (Kalifornien, Maine, Connecticut), Namibia und aus Kasachstan (Kristalle mit über 1 m Länge), aus der Ukraine und aus Norwegen (Kristalle von 3 x 1 m). **Liddicoatite** sind mehrfarbige Turmaline, die auf der Insel Madagaskar gefunden wurden. Sie unterscheiden sich von den Elbaiten durch einen höheren Gehalt an Calcium und erreichen bis zu 50 cm Größe.

Elbait, 6,44 ct. Mt. Mica, Paris, Maine, USA.

In vielen Museen werden unikate geschliffene Turmaline aufbewahrt. In der Smithsonian Institution in Washington befinden sich mehrere ein- und mehrfarbige Elbaite von 17,7 bis 246,0 ct aus Brasilien, aber auch aus den USA und Moçambique. Im Diamantfond Rußlands in Moskau liegt ein geschliffener Rubellit von 255 ct. Dieser Stein wurde früher als Rubin angesehen. Er hat eine sehr bewegte Geschichte, gehörte ursprünglich zu den rudolfinischen Sammlungen in Prag und kommt aus Birma. Sehr beliebt ist der sogenannte „Watermelon-Turmalin", der im Querschnitt in der Mitte rot und am Rand grün ist und vor allem aus Brasilien stammt.

Bearbeitung: Facettenschliff, Cabochons, kleine und größere Glypten.

Ähnliche Mineralien: Amethyst, Chrysoberyll, Olivin, Rubin, Smaragd, Saphir, Topas, Zirkon, Spinell, Vesuvian.

Imitationen: Glas.

Identifikation: Härte, Dichte, optisch.

Empfehlung: Die Reinigung mit Ultraschall oder Dampf ist riskant, heftige Temperaturänderungen sind zu vermeiden, mehrfarbige Steine sind in der Grenzzone spröder.

Elbaite, 24,66 ct und 18,22 ct.

70

CORDIERIT

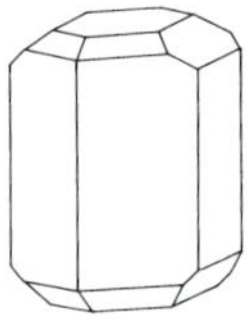

$Mg_2Al_3[AlSi_5O_{18}]$

Benennung nach dem französischen Geologen P. L. A. Cordier. Synonym: Iolith.

7

Geschichte: Die Wikinger sollen den starken Pleochroismus des Cordierits für die Navigation ihrer Schiffe genutzt haben. Auch bei bewölktem Himmel ließ sich der Sonnenstand feststellen.
Genese: Pegmatite, Metamorphite, Seifen.
Vorkommen: In der Natur häufig, jedoch selten als Edelstein. Lagerstätten befinden sich in Brasilien, auf Sri Lanka, in Indien (Madras), aber vor allem auf Madagaskar, in Tansania und Namibia. Er tritt auch in den USA (Wyoming, Kalifornien, Connecticut), in Rußland (Ural, Halbinsel Kola), und in Tadschikistan (Pamir) auf. Bis zu 20 cm große Kristalle stammen aus Schweden, Finnland und Spanien. Der größte geschliffene Cordieritkristall hat 885 ct und befindet sich im Britischen Museum in London.
Bearbeitung: Facettenschliff, Cabochons, Glypten.

Farbe: Blau, grünblau, violett, graubraun • **Transparenz:** Durchsichtig, durchscheinend • **Glanz:** Glasglanz, Fettglanz • **Bruch:** Muschelig, uneben • **Spaltbarkeit:** (100) gut • **Härte:** 7–7,5, spröde • **Strichfarbe:** Weiß • **Dichte:** 2,53–2,78 • **Brechungsindex:** N_p 1,522–1,558, N_m 1,524–1,574, N_g 1,527 bis 1,578 • **Doppelbrechung:** -0,005 bis -0,018 • **Dispersion:** 0,017 • **Pleochroismus:** Sehr stark, dunkelviolett, hellblau; starker Trichroismus mit dem bloßen Auge wahrnehmbar • **Lumineszenz:** Fehlt • **Chemismus:** Säurebeständig • **Besondere Merkmale:** Katzenaugeneffekt, Aventureszenz, selten Asterismus • **Veredelung:** Nicht bekannt.

Ähnliche Mineralien: Saphir, Aquamarin.
Imitationen: Keine.
Identifikation: Dichte, optisch.
Empfehlung: Die Reinigung mit Ultraschall und Dampf ist riskant, Temperaturschwankungen sind zu vermeiden.

Cordieritwürfel mit deutlichem Pleochroismus, 10 mm, Madagaskar.

KORNERUPIN

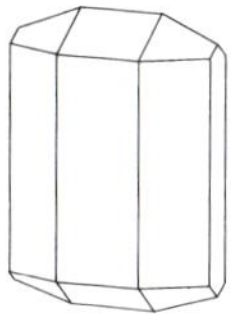

$Mg_4Al_6[(O,OH)_2(BO_4)(SiO_4)_4]$

Name nach dem dänischen Geologen A. N. Kornerup

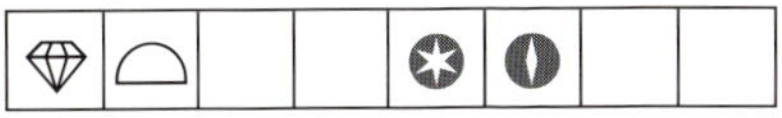

Geschichte: In der Natur sehr selten, nur Steine mit Katzenaugeneffekt werden zu Schmuckstücken verarbeitet. Sehr selten Material für facettierte Steine. Vor allem für Sammlerzwecke.
Genese: Metamorphite, Seifen.
Vorkommen: In Edelsteinqualität findet man Kornerupine auf Sri Lanka, in der Umgebung von Matara. Sie sind dunkelgrün bis braungrün. Schöne Kornerupine haben Birma und Madagaskar. In Kenia wurden apfelgrüne Steine, in der Republik Südafrika, Kanada und in Grönland dunkelgrüne entdeckt. Aus Grönland sind vereinzelte Funde von Kristallen bis zu 20 cm Größe bekannt. Der Kornerupin kommt auch in Rußland und Finnland vor.
Bearbeitung: Facettenschliff, Cabochons.
Ähnliche Mineralien: Andalusit.

Farbe: Farblos, braungelb, rosa, grün, blaugrün, braun, schwarz • **Transparenz:** Durchsichtig, durchscheinend, undurchsichtig • **Glanz:** Glasglanz • **Bruch:** Muschelig • **Spaltbarkeit:** (110) unvollkommen • **Härte:** 6–7 • **Strichfarbe:** Weiß • **Dichte:** 3,28 bis 3,45 • **Brechungsindex:** N_p 1,660–1,682, N_m 1,674–1,696, N_g 1,675–1,699 • **Doppelbrechung:** -0,013 bis -0,017 • **Dispersion:** 0,018 • **Pleochroismus:** Stark, mit bloßem Auge wahrnehmbar, gelb bis grün (hellgrün bis braungrün), farblos • **Lumineszenz:** Vereinzelt gelblich • **Chemismus:** In HF löslich • **Besondere Merkmale:** Katzenaugeneffekt, selten Asterismus • **Veredelung:** Nicht bekannt.

Imitationen: Keine.
Identifikation: Optisch.
Empfehlung: Die Reinigung mit Ultraschall und Dampf ist riskant, mechanische Beschädigung ist zu vermeiden.

Kornerupin, 5 mm.

72

7

BERGKRISTALL

(Quarz-Gruppe)

SiO_2

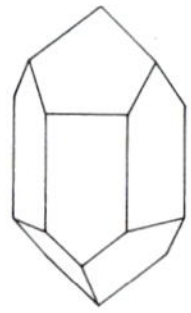

Die Benennung stammt
vom griechischen „krystallos" – Eis.

Farbe: Farblos, manchmal schwach getrübt • **Transparenz:** Durchsichtig • **Glanz:** Glasglanz • **Bruch:** Muschelig, splittrig • **Spaltbarkeit:** $(10\bar{1}1)$ unvollkommen • **Härte:** 7, spröde • **Strichfarbe:** Weiß • **Dichte:** 2,65 • **Brechungsindex:** N_e 1,553, N_o 1,544 • **Doppelbrechung:** 0,009 • **Dispersion:** 0,013 • **Pleochroismus:** Keiner • **Lumineszenz:** Keine • **Chemismus:** In HF löslich • **Besondere Merkmale:** Irisieren, Aventureszenz • **Veredelung:** Nicht bekannt.

Geschichte: Schon der Mensch des Mesolithikums kannte den Bergkristall. Zur Zeit der Römer gelangte er aus den Alpen unter der Bezeichnung „versteinertes Eis" auf den Markt. Theophrast nannte ihn „krystallos". Auch Plinius d. Ä. erwähnt ihn. Die Bezeichnung „Quarz" führte Georgius Agricola im Jahre 1529 ein. Die Völker des Ostens erkannten den Bergkristall als Stein der Geduld und der Vollkommenheit an. Die Tibeter benutzten ihn zur Wundbehandlung. Aus Bergkristall wurden Kugeln für magische Zwecke geschliffen. Mit ihnen heilte man Magen-und Herzschmerzen. Das Trinken aus einer Kristallschale schützte vor Zahnschmerzen. Ein Bergkristall im Mund mildert den Durst. Der Buddhismus zählt ihn zu den sieben Kostbarkeiten.
Astrologie: Steinbock, Löwe, Wassermann.

Geschliffene Bergkristalle, die in der Heilkunde verwendet werden. Höhe der Pyramide 110 mm.

Bergkristallgravur, Höhe 35 mm. Eine Arbeit von Eva Višková, Pardubice, Tschechische Republik.

Chakra: Scheitel.
Wirkung auf den Körper: Er lädt den Körper mit Energie auf und neutralisiert negative Strahlung.
Pflege des Steins: Im Wasser reinigen, im Sonnenlicht aufladen.
Genese: Magmatite, Pegmatite, hydrothermale und alpine Gesteinsadern, Seifen.
Vorkommen: Der Bergkristall ist in der Natur weit verbreitet, weist aber nicht immer Edelsteinqualität auf. Historisch bekannte Fundländer sind Indien und Sri Lanka (die Umgebung von Tatnaputi). Als Seltenheit gelten die irisierenden Quarze aus der Gegend von Poona in Indien und aus Birma. Schöne Kristalle kommen in Kenia, auf Madagaskar sowie vor allem in Brasilien (Minas Gerais, Goisas und Bahia) und Französisch-Guayana vor. In den USA traten sie in Pegmatiten auf, unter anderem in Maine (bei Auburn), New York, North Carolina, Arkansas (Crystal Peak) und Kalifornien. Gegenwärtig wird Bergkristall an zahlreichen Orten Rußlands gefördert, vor allem im polaren Gebiet des Urals. Aber auch die Ukraine, Kasachstan und Grusinien besitzen Bergkristall.
Von besonderer Bedeutung sind die Vorkommen in den Alpen. Bergkristalle sind in der Schweiz (z.B. bei Uri – ein Kristall wog hier 135 kg, im Gebiet des St. Gotthard und des Grimsel) zu finden, ebenso in Österreich (1965 wurde im Großglocknergebiet in einer Höhle ein fast tonnenschwerer Kristall entdeckt) und Italien. Bergkristalle kommen ebenfalls in Deutschland, der Tschechischen Republik, Polen und Frankreich (Dauphiné) vor.
Eine Besonderheit ist der „Marmarosch-Diamant" (Marmarosch-Gebiet, Rumänien), der bipyramidal ausgebildete Kristalle aufweist. Diese sind meist klein, lassen sich aber in natürlichem Zustand verwenden. Sie treten auch im Gebiet von Galitsch (Ukraine), in der Slowakei und in den USA auf – hier als „Herkimer-Diamant" aus dem Gebiet Herkimer County (New York). Die Sammlungen verschiedener Museen beherbergen viele unikate geschliffene Bergkristalle. Die Smithsonian Institution in Washington besitzt einen geschliffenen Stein mit einem Gewicht von 7000 ct und sogar eine Bergkristallkugel mit 33 cm Durchmesser und 48,5 kg Gewicht (sie stammt aus Birma und wurde in China geschliffen).
Bearbeitung: Facettenschliff, Cabochons, große und kleine Glypten.
Ähnliche Mineralien: Diamant, Topas, Danburit, Zirkon, Achroit.
Imitationen: Glas, synthetischer Quarz.
Identifikation: Härte, Dichte, optisch.
Empfehlung: Reinigung mit Ultraschall; kann bei hohen Temperaturen zerspringen.

Bergkristalldrusen, Höhe 95 mm. Arkansas, USA.

CITRIN (ZITRIN)

(Quarz-Gruppe)

SiO_2

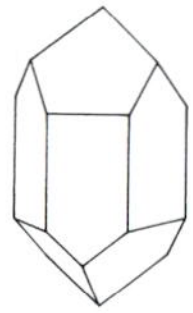

Benennung nach der charakteristischen Farbe

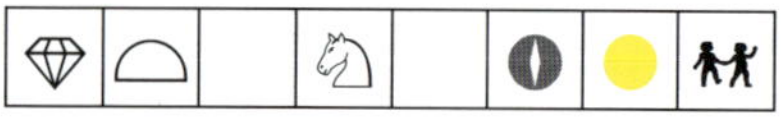

Geschichte: Schon im Mittelalter wurden Amethyste zu Citrin gebrannt.
Astrologie: Zwillinge.
Chakra: Nabel.
Wirkung auf den Körper: Beeinflußt die Verdauungsorgane, die Bauchspeicheldrüse und die Leber.
Pflege des Steins: Mit Wasser abspülen, im Sonnenlicht aufladen.
Genese: Magmatite, Pegmatite, hydrothermale und alpine Gesteinsadern, Seifen.
Vorkommen: Citrin kommt in der Natur nur selten vor. Bedeutende Lagerstätten hat Brasilien im Staat Goiás, vor allem bei Cristallina und Aragua, aber auch Bahia und Minas Gerais. In den USA findet man Citrin unter anderem in Colorado (Pikes Peak), New Hampshire und North Carolina. Ein wesentlicher Lieferant von Citrin ist die Insel Madagaskar. Er kommt hier in den Gebieten Vohémar und Mahanoro zusammen mit Bergkristall und Rauchquarz vor. Weitere Lagerstätten sind von Rußland bekannt. Weingelber Citrin wird in der Umgebung von Murzinka im Ural gefördert, ebenso in Mittelkasachstan. In Europa kommt Citrin in mehreren Ländern vor, etwa vereinzelt in der Tschechischen Republik, in Spanien (im Gebiet von Córdoba und Salamanca), Frankreich (Dauphiné) und Schottland (auf der Insel Arran). In den Sammlungen der Smithsonian Institution in Washington befinden sich geschliffene Citrine aus Brasilien von 2258, 1180 und 783 ct.

Ametringravur, Breite 48 mm. Eine Arbeit von Suzan Alenn, USA, der Stein stammt aus Bolivien.

Farbe: Gelb, gelbbraun, zitronengelb, gelborange • **Transparenz:** Durchsichtig, durchscheinend • **Glanz:** Glasglanz, Fettglanz • **Bruch:** Muschelig, splittrig • **Spaltbarkeit:** $(10\bar{1}1)$ unvollkommen • **Härte:** 7, spröde • **Strichfarbe:** Weiß • **Dichte:** 2,65 • **Brechungsindex:** N_e 1,553, N_o 1,544 • **Doppelbrechung:** 0,009 • **Dispersion:** 0,013 • **Pleochroismus:** Bei Natursteinen schwach, bei künstlichen Steinen keiner • **Lumineszenz:** Keine • **Chemismus:** Die Farbe wird durch Beimischungen von Fe^{3+}, Al und Li hervorgerufen. Bei 200 °C geht die Farbe verloren, bei 300 °C (gegebenenfalls bei 560 °C) entsteht aus anderen Quarzvarietäten künstlicher Citrin • **Besondere Merkmale:** Irisieren, Katzenaugeneffekt • **Veredelung:** Erhitzen (Brennen), Bestrahlen.

Druse mit Citrinkristallen, die durch das Brennen von Amethyst entstanden sind. Natürliche Größe. Brasilien.

Citrinkristalle, Chasawarka, Rußland. Geschliffener synthetischer Citrin, 58 ct, Rußland.

Vielfarbige Citrine von verschiedenen Fundorten; der größte Stein (von 52 ct) stammt aus Brasilien.

Bearbeitung: Facettenschliff, Cabochons, Glypten.
Ähnliche Mineralien: Topas, Orthoklas, Zirkon-Hyacinth.
Imitationen: Glas, synthetischer Quarz.
Identifikation: Härte, Dichte, optisch.
Empfehlung: Reinigung mit Ultraschall.

76

7

RAUCHQUARZ

(Quarz-Gruppe)

SiO_2

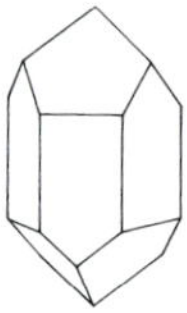

Volkstümliche Bezeichnung für braune Quarze, nach der rauchigen Farbe.

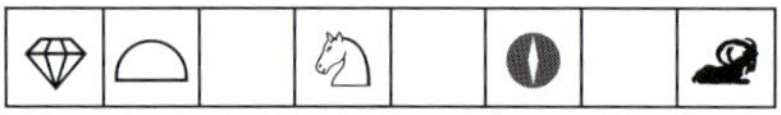

Farbe: Hellbraun, graubraun bis braun und schwarzbraun, die schwarzen Varietäten heißen Morion • **Transparenz:** Durchsichtig, durchscheinend, undurchsichtig • **Glanz:** Glasglanz • **Bruch:** Muschelig • **Spaltbarkeit:** $(10\bar{1}1)$ unvollkommen • **Härte:** 7, spröde • **Strichfarbe:** Weiß • **Dichte:** 2,65 • **Brechungsindex:** N_e 1,553, N_o 1,544 • **Doppelbrechung:** 0,009 • **Dispersion:** 0,013 • **Pleochroismus:** Nur bei dunkleren Rauchquarzen erkennbar • **Lumineszenz:** In der Regel keine • **Chemismus:** Färbung verursacht durch Al, Li und Na, Wärme ruft Farbveränderungen hervor • **Besondere Merkmale:** Irisieren, Katzenaugeneffekt • **Veredelung:** Erhitzen, Bestrahlen.

Geschichte: Wird seit alters her in Schmuckstücken und Kleinodien verarbeitet. Es sind auch historische Ziergegenstände aus Rauchquarz bekannt. Oft wird er für Herrenringe verwendet.
Astrologie: Steinbock.
Chakra: Nebenzentrum der Hand.
Wirkung auf den Körper: Heilt das Nervensytem, wirkt gegen Depressionen und stillt Schmerzen.
Pflege des Steins: Im Wasser entladen, im Sonnenlicht aufladen.
Genese: Pegmatite, Metamorphite, Seifen.
Vorkommen: Bedeutender Produzent qualiltätsvoller Kristalle ist Brasilien (z.B. Minas Gerais, Sao Paulo, Goiás). Hochwertige Rauchquarze liefern auch die USA – Maine (Auburn) hat bis zu 200 kg schwere Kristalle, Arkansas, New Hampshire (Caroll County), Colorado (Pikes Peak), Texas, Montana, Utah, Kalifornien (San Diego County) und North Carolina. In Afrika kommen Rauchquarze in Moçambique (Alto Ligonha) und auf

Dunkle Rauchquarze von verschiedenen Fundorten. Der größte Stein (180 ct schwer) stammt aus den österreichischen Alpen.

Treppenschliffsteine mit scharf abgegrenztem Übergang von Rauchquarz und Bergkristall, größerer Stein 40 ct. Wolynien, Ukraine.

Madagaskar (hochwertige Kristalle aus Vohémar und Mahanoro) vor. Rauchquarze haben auch Japan, Australien (Neusüdwales) und vor allem Rußland (Ural), in der Ukraine (bei Schitomir) und in Kasachstan.

Große Rauchquarzkristalle wurden oft in den Pegmatiten von Maine (USA) gefunden, der größte war 117,5 cm lang, 42,5 cm breit und wog 230 kg. Ein anderer großer Rauchquarz geringerer Qualität wurde in Brasilien entdeckt. Sein Gewicht betrug 40 t. Der wahrscheinlich größte Kristall stammte aus Kasachstan. Seine Größe betrug 7,5 x 1,6 m, sein Gewicht etwa 70 t.

In Europa treten Rauchquarze in Schottland (Cairngorm) und in den Alpenländern auf – in Österreich (in der Umgebung des Sulzbachtals), Italien (im Tessin) und der Schweiz (St. Gotthard, Galenstock und Uri). Rauchquarze findet man unter anderem in Deutschland, Böhmen und Mähren, in Polen und Spanien.

Geschliffene Steine aus Rauchquarz sind weit verbreitet. In der Smithsonian Institution in Washington liegt ein geschliffener Rauchquarz mit einem Gewicht von 4500 ct.

Bearbeitung: Facettenschliff, Cabochons, größere und kleinere Glypten.

Ähnliche Mineralien: Topas, Andalusit, Axinit, Dravit, Sanidin.

Imitationen: Glas, synthetischer Quarz.

Identifikation: Härte, Dichte, optisch.

Empfehlung: Reinigung mit Ultraschall.

Druse aus Rauchquarzkristallen, Höhe 110 mm. Polar-Ural, Rußland.

78

7

ROSENQUARZ

(Quarz-Gruppe)

SiO_2

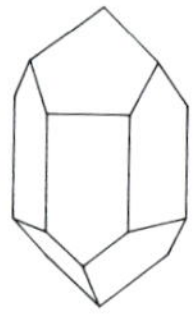

Benennung nach der Farbe.

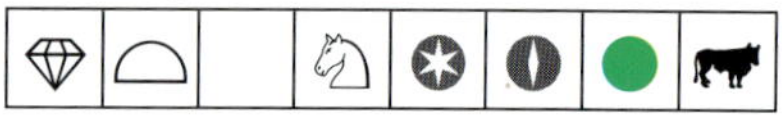

Geschichte: Rosenquarz wird schon seit langem als Edelstein bearbeitet.
Astrologie: Stier.
Chakra: Herz.
Wirkung auf den Körper: Beseitigt Schlaffheit, kräftigt die Herztätigkeit.
Pflege des Steins: Im Wasser entladen.
Genese: Pegmatite.

Geschliffene Rosenquarzsteine von verschiedenen Fundstellen, um 10 ct.

Farbe: Hell rosa, rosa bis rosarot • **Transparenz:** Durchsichtig, durchscheinend, oft milchig getrübt • **Glanz:** Glasglanz, Fettglanz • **Bruch:** Muschelig, splittrig • **Spaltbarkeit:** $(10\bar{1}1)$ unvollkommen • **Härte:** 7, spröde • **Strichfarbe:** Weiß • **Dichte:** 2,65 • **Brechungsindex:** N_e 1,553, N_o 1,544 • **Doppelbrechung:** 0,009 • **Dispersion:** 0,013 • **Pleochroismus:** Schwach rosafarben • **Lumineszenz:** Keine • **Chemismus:** Die Farbe wird von Mn-Beimischungen verursacht • **Besondere Merkmale:** Manchmal Erscheinungen von Asterismus oder Katzenaugeneffekt • **Veredelung:** Nicht bekannt.

Vorkommen: Die hochwertigsten Rosenquarze werden auf Madagaskar (Vahinancaratra, Ambositra) gefördert. Katzenaugen-Rosenquarz kennt man von Sri Lanka. Er tritt auch in Kenia, in Moçambique und in Namibia (Rössing) auf. Zahlreiche Fundstellen von Rosenquarz liegen in Brasilien (z.B. Jequitinhonha, Aracuai, Governador Valadares, San Miguel). Bei Sapucaia im Staat Minas Gerais wurden 1959 zum ersten Mal Rosenquarzkristalle gefunden. Einige Rosenquarze aus Brasilien weisen Katzenaugeneffekt oder Asterismus auf.
In den USA kommt Rosenquarz in den Staaten Maine, Kalifornien, South Dakota und Colorado vor. Asterismuserscheinungen werden bei den Rosenquarzen aus New York und Georgia beobachtet. Auch Rußland (Ural, Nordkarelien), Kasachstan, Indien und Japan liefern Rosenquarze. In Europa findet man sie unter anderem in der Tschechischen Republik (Dolní Bory, Písek), in Deutschland, der Schweiz, in den Pegmatiten Finnlands.
Nur selten wurden Rosenquarze, die über 20 ct wogen, facettiert geschliffen. Im Amerikan Museum of Natural History in New York befindet sich eine Rosenquarzkugel von 625 ct mit Asterismuseffekt.
Bearbeitung: Facettenschliff, Cabochons, Miniaturglypten.
Ähnliche Mineralien: Morganit.
Imitationen: Glas.
Identifikation: Härte, Dichte, optisch.
Empfehlung: Nicht dem Sonnenlicht oder Wärme aussetzen, Reinigung ohne Probleme.

Kristallisierter Rosenquarz, Höhe 80 mm. Sapucaia Mine, Minas Gerais, Brasilien.

AMETHYST

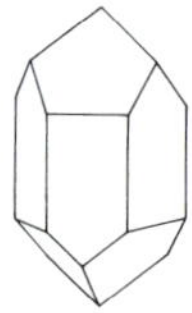

(Quarz-Gruppe)

SiO_2

Benennung nach dem griechischen „ametystos" – nicht berauschend.

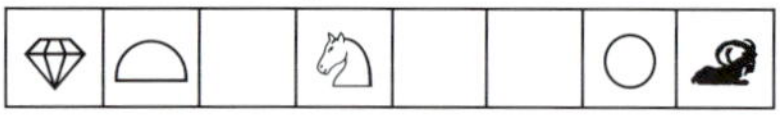

Geschichte: Amethyst ist die begehrteste und schönste Quarzart. Schon die Ägypter, Etrusker und Römer kannten ihn, Plinius d. Ä. beschrieb ihn. Im alten China wurden aus Amethyst kleine Gemmen hergestellt. Im Mittelalter war er auch in Europa hoch geschätzt. Er wurde Bischofsstein genannt und sollte magische Kraft besitzen. Der Amethyst war das Symbol der Verliebten, er war der Stein der Enthaltsamkeit, schützte vor Zauber und Hexerei und verhinderte Trunkenheit.
Astrologie: Er ist der Stein der „Widder" (bei den Babyloniern) oder des „Steinbocks" (bei den Römern).
Chakra: Scheitel.
Wirkung auf den Körper: Hilft bei der Behandlung von Neuralgie und Schlaflosigkeit, stärkt den Willen, heilt Stoffwechselerkrankungen.

Druse mit Amethystkristallen, Breite 20 mm. Las Vigas, Vera Cruz, Mexiko.

Farbe: Hell- bis dunkelviolett, violettrot • **Transparenz:** Durchsichtig, durchscheinend • **Glanz:** Glasglanz • **Bruch:** Muschelig, uneben • **Spaltbarkeit:** $(10\bar{1}1)$ unvollkommen • **Härte:** 7, spröde • **Strichfarbe:** Weiß • **Dichte:** 2,63–2,65 • **Brechungsindex:** N_e 1,553, N_o 1,544. **Doppelbrechung:** 0,009 • **Dispersion:** 0,013 • **Pleochroismus:** Meistens schwach, manchmal mit dem bloßen Auge wahrnehmbar • **Lumineszenz:** Keine • **Chemismus:** Die Farbe entsteht durch Beimischungen von Fe^{3+} und Fe^{2+} • **Besondere Merkmale:** Sattfarbige Varietäten können im Licht ihre Farbe verlieren • **Veredelung:** Erhitzen, Bestrahlen.

Palisadenamethyst. Bochovice, Tschechische Republik.

Pflege des Steins: Unter fließendem Wasser entladen, kurz im Sonnenlicht aufladen.
Genese: Metamorphite, hydrothermal, Seifen.
Vorkommen: Schon im Mittelalter konnte Brasilien sich seiner Amethystvorkommen rühmen. Auf einer Fläche von etwa 1,5 Millionen km^2 füllt er hier die Hohlräume von Achatmandeln in den Lavagängen der Basalte und greift im Süden auf das Gebiet von Uruguay über. Eine Rarität war ein Hohlraum von 10 x 2 x 1 m. Ein Nachteil des Steins ist, daß er am Tageslicht verblaßt. Brasilien fördert Amethyst unter anderem in Bahia, Minas Gerais und Mato Grosso. In jüngerer Zeit wurde in Bolivien auch der sogenannte ***Ametrin*** gefunden, ein Amethyst-Citrin, in dem violette und gelbe Farbe abwechseln, der Übergang der Farben aber scharf

abgegrenzt ist. Amethyste sind auch aus den USA (Montana, Maine, Georgia und Arizona), Kanada, Mexiko, Bolivien und von Sri Lanka, Indien (Dekhan-Plateau), Birma, Japan, China und Korea bekannt. Bedeutende Produzenten sind Madagaskar, Simbabwe, Moçambique, Zaire und Australien. In Rußland findet man Amethyste unter anderem im Ural, im Gebiet von Jakutsk und auf der Halbinsel Kola.

Ebenso findet man ihn in Armenien, Deutschland, der Tschechischen Republik, der Slowakei, in Bulgarien, der Schweiz und Irland. Amethyst bildet nur vereinzelt größere reine Kristalle (über 10 cm). Das Britische Museum in London beherbergt einen unikaten geschliffenen Stein mit einem Gewicht von 343 ct. Andere, kleinere Steine wiegen 90–75 ct. Sie stammen alle aus Brasilien. Die Smithsonian Institution in Washington besitzt sogar einen geschliffenen Amethyst aus Brasilien von 1362 ct und einen aus North Carolina (USA) von 202,5 Karat. Amethyste wurden oft in Krönungskleinodien eingesetzt (Zepter Katharinas der Großen oder Zepter der britischen Krone). Zum Vatikanschatz gehört der bekannte „päpstliche Amethystring".

Bearbeitung: Facettenschliff, Cabochons, größere und kleinere Glypten.

Ähnliche Mineralien: Spinell, Fluorit, Rubellit.

Imitationen: Synthetischer Korund, synthetischer Amethyst, Glas.

Identifikation: Dichte, optisch.

Empfehlung: Mit Ultraschall reinigen.

Amethystkristall, 103 mm. Mursinka, Ural, Rußland.

Verschiedenfarbige Amethyste. Der große Stein (190 ct) stammt aus Brasilien.

82

7

QUARZE

mit Augeneffekt (Augenquarze)

Geschichte: Die Namen dieser Quarze sind seit 1876 üblich. Sie gehen auf die charakteristische Farbe und den schimmernden Glanz zurück. Die Augenquarze wurden als Beschützer der Landwirte und Bauern angesehen und dienten als Talismane. Im vergangenen Jahrhundert war das Tigerauge ein begehrter Edelstein, den man sogar mit Diamanten kombinierte. Nach der Entdekkung der südafrikanischen Lagerstätten sank sein Wert stark.
Astrologie: Skorpion, Zwillinge.
Chakra: Nabel.
Wirkung auf den Körper: Lindert asthmatische Beschwerden, kräftigt das Sehvermögen.
Pflege des Steins: Im Wasser entladen, kurz im Sonnenlicht aufladen.
Genese: Metamorphite.
Vorkommen: Weltbekannt sind die Tiger- und Falkenaugenvorkommen in der Republik Südafrika. Die Mineralien werden hier seit 1876 in der Umgebung von Griquatown, Oranje River im Door-Massiv gefördert. Sie bilden mehrere Zentimeter starke Lagen im massiv geschichteten Gestein („Jaspisschiefer"). Später wurde das **Tigerauge** auch in anderen Staaten entdeckt. Seit 1966 ist es auch aus Kalifornien (USA) bekannt. Hier sind die Inklusionen jedoch Tremolite, keine Riebeckite. Ebenso findet es sich in Mexiko und Westaustralien, hier enthält es jedoch Goethit oder Hämatit und wird **Tigereisen** genannt. Tigereisen kommt auch in Rußland und der Ukraine vor. Hier bestehen die Inklusionen jedoch aus Magnesium-Riebeckit, einer Varietät von Rhodizit und Crossit. Die Farbe entspricht der Intensität der Eisen-Oxidation. In neuerer Zeit wurde das Tigerauge in China, Indien und Birma gefunden.
Beim **Falkenauge** handelt es sich im wesentlichen um nicht verwandelte Partien von Riebeckit oder Crossit. Es tritt in Mexiko, auf Sri Lanka und in Australien auf. Auch in Österreich wird das Falkenauge gefunden.
Katzenaugen-Quarz ähnelt dem Tigerauge, die Inklusionen bestehen aber aus Amphibolit- oder

Farbe: Goldgelb, goldbraun (Tigerauge, Tigereisen), blaugrün, blaubraun (Falkenauge), rotbraun (Stierauge), weiß, grau, grünlich (Katzenauge) • **Transparenz:** Durchscheinend, undurchsichtig • **Glanz:** Seidenglanz, Fettglanz • **Bruch:** Faserig • **Spaltbarkeit:** Keine • **Härte:** 6–7 • **Strichfarbe:** Weiß • **Dichte:** 2,65–2,71 • **Brechungsindex:** N_e 1,553, N_o 1,544 • **Doppelbrechung:** 0,009 • **Dispersion:** 0,013 • **Pleochroismus:** Fehlt • **Lumineszenz:** Keine • **Chemismus:** Die Farbe wird durch Inklusionen anderer Mineralien verursacht (unter anderem durch Krokydolith, Riebeckit, Crossit, Tremolit, Goethit, Rutil) • **Besondere Merkmale:** Katzenaugeneffekt • **Veredelung:** Erhitzen verändert die Farbe, Tigerauge verwandelt sich in Stierauge.

Falkenauge, Anschliff, Republik Südafrika.

Tigerauge, Anschliff, Republik Südafrika.

Serpentinasbest. Dieser verleiht dem Stein nach dem Schleifen den schönen Katzenaugeneffekt. Lagerstätten befinden sich auf Sri Lanka, in Indien, den USA, Mexiko, Brasilien und Deutschland (Fichtelgebirge).
Bearbeitung: Cabochons, Glypten, Galanterieschmuck.
Ähnliche Mineralien: Chrysoberyll-Katzenauge, Jadeit.
Imitationen: Glas.
Identifikation: Dichte, Härte, optisch.
Empfehlung: Reinigung ohne Probleme.

Tigereisen, Republik Südafrika.

Erzeugnisse aus Tiger- (gelb), Stier- (rot) und Falkenauge (grau). Republik Südafrika.

QUARZE

mit verschiedenen Einwachsungen

Die Quarzgrundmasse hat die Zusammensetzung von Bergkristall oder Citrin, Amethyst und Rauchquarz. Entsprechend der Art der Inklusion verändert sich die gesamte Färbung. Die Einwachsungen können fest, flüssig oder gasförmig sein. Manchmal folgen sie den Wachstumsflächen der Kristalle („Phantome").

Geschichte: Wie Bergkristall. Avanturin erfreute sich schon im alten China großer Beliebtheit und wurde Kaiserstein „yü" genannt. Avanturin brachte als Talisman Glück und Behaglichkeit, Frische und Gedankenklarheit.
Astrologie: Krebs.
Chakra: Herz, Nebenzentrum Bein.
Wirkung auf den Körper: Beeinflußt das geistige Zentrum, gehört zu den allseitig bei der Heilbehandlung verwendeten Steinen.
Pflege des Steins: Im Wasser entladen, kurz im Sonnenlicht aufladen.
Genese: Metamorphite, hydrothermal, Seifen.
Vorkommen: Die Inklusionen verleihen dem Bergkristall ein besonders ästhetisches Aussehen. Oft treten Inklusionen von Rutil (bzw. Sagenit) auf, sogenannte „Venushaare" oder „Amorpfeile". Bedeutende Produzenten solcher Quarze sind Brasilien (Lagerstätten von Diamantína und Ibitiara im Staat Bahia) und die Alpenländer (Schweiz, Österreich, Italien). Rutilinklusionen in Bergkristall wurden unter anderem in Australien (Tingha in Neusüdwales), auf Madagaskar und in Rußland (im Polar-Ural) gefunden. Einige Kristalle zeigen Inklusionen von Goethitnadeln. Sie wurden in Marokko, New Mexico und Idaho (USA), in Deutschland und der Tschechischen Republik entdeckt. Seltener kommen auch Inklusionen von

Geschliffene Quarze mit verschiedenen Inklusionen. Von links: Goethit aus Mangyschlak, Rußland; Turmalin aus Ratnapura, Sri Lanka; Mangan-Dendrite aus Brasilien; Cosalit von Kara Oba, Kasachstan; Chlorit-Phantom von Madagaskar. Größter Stein 25 ct.

Schnitt durch einen Quarzkristall mit Goethit, 22 mm. Mangyschlak, Rußland.

Pyrolusit (aus Mexiko), Dumortierit (bekannt aus Arizona, USA), manchmal von Hübnerit (aus Peru und den USA, Washington), Pyrit (aus Brasilien), Helvin und Cosalit (Kasachstan), Hämatit oder Gold (Kalifornien, USA) vor. Vereinzelt folgen feinste Inklusionen (vor allem Chlorite) den Wachstumsflächen der Quarzkristalle und bilden ästhetisch sehr wirkungsvolle Phantome. Sie werden von Fundorten in Brasilien und Rußland beschrieben. Eine Besonderheit bilden feinkörnige Quarze mit dichten Inklusionen von Mineralschuppen (meistens Fuchsit oder Hämatit), die schimmernde Reflexe, das sogenannte „Avanturisieren" verursachen. Solche Quarze, Avanturine, treten in Indien, Rußland, Brasilien und vor allem in Tibet auf (hier werden sie seit alters her gefördert). Seltener kommen sie auch in Österreich, Deutschland, Spanien und Finnland vor. Grüne Avanturine stammen aus Tansania, rotbraune aus Kenia, weiße und schwarzweiße aus Sibirien (Rußland).

Bearbeitung: Facettenschliff, Cabochons und Kleinglypten.

Ähnliche Mineralien: In anderen durchsichtigen Mineralien treten ebenfalls verschiedene Einwachsungen auf.

Imitationen: Glas, synthetischer Quarz.

Identifikation: Härte, optisch, Dichte.

Empfehlung: Bei flüssigen oder gasförmigen Inklusionen weder mit Ultraschall noch mit Dampf reinigen.

Rutilnadeln im Quarz, „Sagenit", 60 mm. Brasilien.

86

AXINIT

$Ca_2(Fe,Mg,Mn)Al_2$
$[(BO_3)(OH)(Si_4O_{12})]$

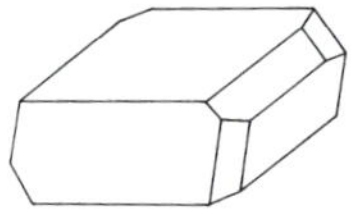

7

Benennung nach dem griechischen Wort „axe" – Beil (wegen der Form der Kristalle).

Geschichte: Das Mineral wird schon 1797 erwähnt (René Just Haüy), jedoch selten als Edelstein verwendet.
Genese: In Skarnen und Adern alpinen Typs und in Metamorphiten.
Vorkommen: In Edelsteinqualität tritt Axinit in Brasilien (in Bahia Kristalle bis zu 20 cm) und in den USA (Kalifornien und New Jersey) auf. Nevada (USA) und Tansania haben Axinite mit Alexandrit-Effekt. Große Kristalle findet man in Mexiko (bis zu 20 cm), violette Steine stammen aus Australien (Tasmanien), Rußland (Polar-Ural), Tadschikistan (Pamir), Frankreich, der Schweiz, Norwegen und Finnland. Nur selten übersteigt das Gewicht geschliffener Axanite 20 ct.

Farbe: Braun, orangegelb (Tinsenit), grau, violett, grün, blau (Magnesioaxinit), violett • **Transparenz:** Durchsichtig, durchscheinend • **Glanz:** Glasglanz • **Bruch:** Muschelig • **Spaltbarkeit:** (010) höchst vollkommen • **Härte:** 6,5–7, spröde • **Strichfarbe:** Weiß • **Dichte:** 3,18–3,36 • **Brechungsindex:** N_p 1,693, N_m 1,701, N_g 1,704 • **Doppelbrechung:** -0,010 bis -0,012 • **Dispersion:** Groß • **Pleochroismus:** Stark, Erscheinung von Trichroismus, mit bloßem Auge wahrnehmbar • **Lumineszenz:** Manchmal voilett bis orange • **Chemismus:** Die Färbung entsteht durch Beimischungen von Fe, Mn und Mg • **Besondere Merkmale:** Selten Alexandrit-Effekt • **Veredelung:** Nicht bekannt.

Bearbeitung: Facettenschliff, Cabochons.
Ähnliche Mineralien: Titanit, Rauchquarz.
Imitationen: Sind nicht bekannt.
Identifikation: Härte, Dichte, optisch.
Empfehlung: Wir reinigen Axinit nur mit Seifenwasser, die Steine sind wärmeempfindlich.

Typischer Axinitkristall, 75 mm. Polar-Ural, Rußland.

EPIDOT

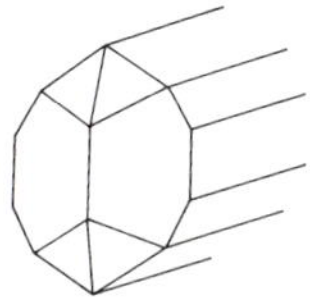

$Ca_2(Fe,Al)Al_2$
$[O(OH)(SiO_4)(Si_2O_7)]$

Benennung nach dem griechischen Wort „epidosis“ – Verewigung.

Farbe: Dunkelgrün (Puschkinit), blaugrün, schwarzgrün, gelbgrün, rot (Piemontit) • **Transparenz:** Durchsichtig, durchscheinend • **Glanz:** Glasglanz • **Bruch:** Muschelig, uneben, splittrig • **Spaltbarkeit:** (001) vollkommen • **Härte:** 6–7, spröde • **Strichfarbe:** Grau • **Dichte:** 3,38–3,49 • **Brechungsindex:** N_p 1,715–1,751, N_m 1,725 bis 1,784, N_g 1,734–1,797 • **Doppelbrechung:** 0,015 bis -0,049 • **Dispersion:** 0,036 • **Pleochroismus:** Stark, mit bloßem Auge wahrnehmbar • **Lumineszenz:** Keine • **Chemismus:** Farbe durch Beimischung von Cr (Tawmawit), Fe und Mn (Piemontit) • **Besondere Merkmale:** Keine • **Veredelung:** Nicht bekannt.

Anschliff von Unakit, einem Schmuckgestein, das Epidot enthält. Utah, USA.

Geschichte: Das Mineral wird schon 1801 (von René Just Haüy) erwähnt, jedoch nur selten als Edelstein verwendet.
Genese: Metamorphite, Adern von alpinem Typ, hydrothermal.
Vorkommen: Edelsteinqualitäten kommen in Mexiko und in den USA (Kristalle über 15 cm unter anderem in Nevada, Alaska, Kalifornien und Colorado) vor. Schöne Epidote kennt man von Brasilien, Australien und Neuseeland. Besonders hochwertige Steine stammen aus Birma (Gebiet Tawmaw), goldbraune von Sri Lanka, rotbraune aus Afghanistan, Pakistan, Moçambique, Kenia und Simbabwe. In Rußland treten im Polar-Ural bis zu 20 cm große Epidotkristalle auf. Ein weltbekannter Fundort ist das Untersulzbachtal in Österreich. Auch Frankreich und die Schweiz liefern Epidote. Schöne dunkelgrüne Steine werden in der Tschechischen Republik, Norwegen und Schweden gefunden. Aus Grönland und den USA (Utah) stammt Epidotgestein („Unakit“), das zu Schmuck verarbeitet wird. Nur selten schliff man durchsichtige Epidote zu Steinen, die mehr als 5 ct wogen. Bei größeren Stücken verliert sich die Durchsichtigkeit, das Mineral ist dunkel.
Bearbeitung: Facettenschliff, Cabochons und Kleinglypten.
Ähnliche Mineralien: Verdelith, Vesuvian, Aktinolith.
Imitationen: Nicht bekannt.
Identifikation: Härte, Dichte, optisch.
Empfehlung: Epidot ist spröde, mechanische Beschädigungen sollten vermieden werden. Die Reinigung erfolgt mit Seifenwasser; Ultraschall und Dampf sind riskant.

Druse aus Epidotkristallen, 60 mm. Klassischer Fundort Knappenwand, Österreich.

SPODUMEN

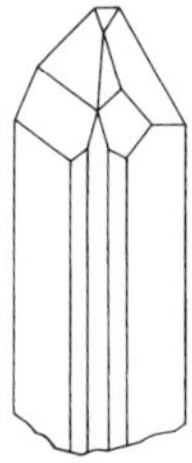

$LiAl[Si_2O_6]$

Benennung nach dem griechischen Wort „spodumenos“ – eingeäschert. Nach der Farbe unterscheidet man die Varietäten Kunzit und Hiddenit, die Namen gehen auf die Entdecker G. F. Kunze und W. E. Hidden zurück.

Geschichte: Verhältnismäßig edler Stein. Kunzit wurde erst 1903 beschrieben.
Astrologie: Stier.
Chakra: Herz.
Wirkung auf den Körper: Fördert die Harmonie von Gefühlen, beseitigt negative Emotionen.
Pflege des Steins: In lauwarmem Wasser waschen.
Genese: Pegmatite, Seifen.
Vorkommen: ***Spodumen*** kommt in der Natur häufig vor und bildet stellenweise große Kristalle (bis zu 65 t schwer und bis zu 13 m lang). Diese haben aber keine Edelsteinqualität. Spodumen wird unter anderem in Brasilien(Minas Gerais), in den USA (Kalifornien), in Rußland und in Afghanistan (Gebiet von Nuristan) abgebaut. Steine mit Katzenaugeneffekt treten bei Newry im USA-Staat Maine auf. In den Sammlungen der Smithsonian Institution in Washington befinden sich viele hochwertige und große geschliffene, meist gelbliche Steine.

Hiddenit ist aus den USA (North Carolina, Sony-Point) bekannt, wo er seit 1879 gefördert wird. Er kommt auch in den Black Hills in South Dakota und in Riverside County in Kalifornien vor. Bedeutende Lagerstätten haben Brasilien (Minas Gerais), Madagaskar, Birma, Afghanistan (Nuristan) und Rußland aufzuweisen. Die Vorkommen werden fast immer von Kunzit begleitet. In den Sammlungen überwiegen geschliffene Steine bis 2 ct. Das Naturhistorische Museum in Wien besitzt einen Kristall von 3 x 0,6 cm; die Sammlungen des Royal Museums in Toronto enthalten einen gelbbraunen geschliffenen Stein (Triphan) aus Brasilien mit einem Gewicht von 1800 ct.

Kunzit ist aus der Gegend von Nuristan in Afghanistan bekannt. Er bildet oft große Kristalle (bis zu 45 cm und 6 kg). Weitere Funde stammen aus den USA, z.B. aus Kalifornien, Masachusetts, Connecticut und Maine. Der größte Kristall aus Pala in Kalifornien wog 2 kg. Große Kristalle mit bis zu

Hiddenitkristall, 35 mm. Adams Mine, Hiddenite, North Carolina, USA.

Farbe: Gelbweiß, gelb (Triphan), gelbgrün, grün (Hiddenit), violett, rosa (Kunzit), grau, farblos, selten blau (Nuristanit), selten auch polychrome Steine • **Transparenz:** Durchsichtig, durchscheinend • **Glanz:** Stark, Glasglanz • **Bruch:** Uneben, muschelig • **Spaltbarkeit:** (110) höchst vollkommen • **Härte:** 6,5–7,5, spröde • **Strichfarbe:** Weiß • Dichte: 3,0–3,2 • **Brechungsindex:** N_p 1,653–1,670, N_m 1,660–1,669, N_g 1,665 bis 1,682 • **Doppelbrechung:** 0,014–0,027 • **Dispersion:** 0,017 • **Pleochroismus:** Deutlich, hängt von der Intensität der Farbe ab • **Lumineszenz:** Gelb, cremefarben, orange • **Chemismus:** Die Farbe wird durch die Beimischung von Mn^{2+}, Fe^{3+} und Cr^{3+} verursacht • **Besondere Merkmale:** Manchmal Katzenaugeneffekt • **Veredelung:** Bestrahlung.

Kunzitkristall auf Quarz, 66 mm. Nuristan, Afghanistan.

7,4 kg Gewicht kommen aus Brasilien (Minas Gerais), von Madagaskar, aus Birma, China, Rußland und neuerdings auch Finnland (Kristalle bis zu 7 cm). Steine mit Katzenaugeneffekt sind auf Sri Lanka zu finden. Rohe und geschliffene Kunzite liegen in vielen Museen. Die Smithsonian Institution in Washington beherbergt geschliffene Steine von 880, 663 und 297 ct aus Brasilien und einen 177karätigen Kunzit aus Kalifornien. Eine Privatsammlung besitzt einen 720 ct schweren Kunzit aus Brasilien, an der Harvard Universität befindet sich ein Kunzitkristall aus Pala in Kalifornien, der 2200 g wiegt.

Bearbeitung: Facettenschliff, Cabochons, größere Glypten.

Ähnliche Mineralien: Chrysoberyll, Euklas, Amethyst, Olivin, Skapolith im Falle von Spodumen; Triphan, Chrysoberyll, Euklas, Smaragd im Falle von Hiddenit; Amethyst, Topas, Morganit im Falle von Kunzit.

Imitationen: Synthetischer Spodumen, synthetischer Hiddenit, farbiges Glas.

Identifikation: Härte, Dichte, optisch.

Empfehlung: Die Steine sind spröde und temperaturempfindlich, bestrahltes Material kann am Licht verblassen; Reinigung mit Seifenwasser.

Geschliffener Kunzit, 31,46 ct.

Hiddenit, 14,1 und 3,24 ct.

90

7

STAUROLITH

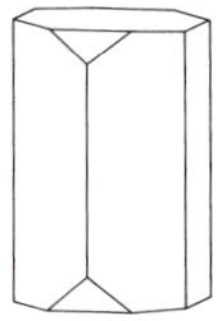

$AlFe_2O_3[OH]\cdot 4Al_2\,[O(SiO_4)]$

Benennung nach griechisch „stauros“ – Kreuz.

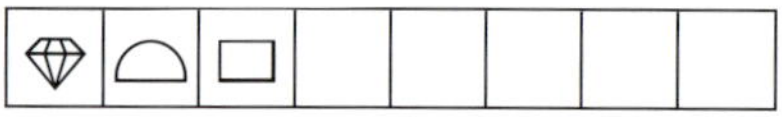

Geschichte: Die rechtwinkligen, kreuzförmigen Zwillingskristalle wurden schon im Mittelalter von Pilgern als Schutztalismane verwendet.
Genese: Metamorphite, Seifen.
Vorkommen: Er ist in der Natur weit verbreitet. Schöne Kristalle findet man bei Aschaffenburg in Deutschland, Monte Campione in der Schweiz, im Val Passaria in Italien, in St. Radegund in Österreich und in Petrov und Desná in der Tschechischen Republik. Große Kristalle stammen aus Namibia (Gorob Mine), Madagaskar, Sambia (in der Umgebung von Lusaka dunkelblaue „Lusakite“), aus Indien, Grönland, Brasilien und den USA (Tennessee). Die besten Staurolithe werden derzeit aus Rußland von der Halbinsel Kola geliefert. Facettierte Steine wiegen jedoch nur einige Karat.
Bearbeitung: Cabochons, Facettenschliff.

Farbe: Von Rotbraun bis Braunschwarz, selten dunkelblau (Lusakit) • **Transparenz:** Durchscheinend, undurchsichtig • **Glanz:** Glasglanz, matt • **Bruch:** Muschelig, splittrig • **Spaltbarkeit:** (010) gut • **Härte:** 7–7,5 • **Strichfarbe:** Grauweiß • **Dichte:** 3,65 bis 3,83 • **Brechungsindex:** N_p 1,739–1,747, N_m 1,744–1,754, N_g 7,750–1,762 • **Doppelbrechung:** 0,011–0,015 • **Dispersion:** 0,023 • **Pleochroismus:** Deutlich, gelbbraun bis braunrot • **Lumineszenz:** Keine • **Chemismus:** Unbekannt • **Besondere Merkmale:** Kreuzförmige Durchwachsungen • **Veredelung:** Nicht bekannt.

Ähnliche Mineralien: Dravit, Hessonit.
Imitationen: Sind nicht bekannt.
Identifikation: Härte, Dichte, optisch.
Empfehlung: Facettierte Steine nur mit Seifenwasser reinigen.

Staurolithkristall, 50 mm. Halbinsel Kola, Rußland.

KYANIT

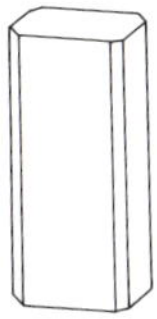

$Al_2[O(SiO_4)]$

Benennung nach griechisch „kyanos" – blau.

Geschichte: Geläufiges Mineral; Edelsteinqualität fand man erst in jüngerer Zeit.
Genese: Pegmatite, Metamorphite, Seifen.
Vorkommen: Kyanite (Disthene) mit Edelsteinqualität kommen in Indien (Pandschab und Kaschmir), in den Edelsteinseifen Birmas und in Korea (Umgebung von Saikori) vor. Die USA fördern Kyanit in Kalifornien, Tennessee, Georgia, New Hampshire und North Carolina (grüne Steine). Schöne Kristalle stammen aus Grönland. Unlängst wurden (bis zu 30 cm) große Kristalle in Australien und Brasilien gefunden. In Afrika treten Kyanite in Kenia, Tansania, (Umba River, smaragdgrüne Steine) und Namibia (grünblaue Kristalle) auf, in Europa noch in Rußland (Ural, außerdem Halbinsel Kola – Kristalle bis zu 1 cm), der Schweiz, Österreich und Frankreich.

Farbe: Weiß, blau, grau, grün, gelb • **Transparenz:** Durchsichtig, durchscheinend • **Glanz:** Glasglanz, Perlmutterglanz • **Bruch:** Uneben • **Spaltbarkeit:** (100) höchst vollkommen, (010) unvollkommen • **Härte:** 6–7 (in Querrichtung), 4–4,5 (in Längsrichtung) • **Strichfarbe:** Weiß • **Dichte:** 3,55 bis 3,66 • **Brechungsindex:** N_p 1,710–1,718, N_m 1,721–1,723, N_g 1,727–1,734 • **Doppelbrechung:** -0,015 bis -0,017 • **Dispersion:** 0,020 • **Pleochroismus:** Markant, farblos, voilett bis kobaltblau • **Lumineszenz:** Manchmal schwach rot • **Chemismus:** Beimischungen von Fe^{2+}, Cr^{3+}, Ti^{3+} (grüne und blaue Farbe), Fe^{3+}(grüne Farbe) • **Besondere Merkmale:** Selten Katzenaugeneffekt • **Veredelung:** Nicht bekannt.

Bearbeitung: Facettenschliff, Cabochons.
Ähnliche Mineralien: Aquamarin, Benitoit, Saphir.
Imitationen: Sind nicht bekannt.
Identifikation: Härte, Dichte, optisch.
Empfehlung: Kyanit ist sehr wärmeempfindlich, spröde und spaltbar. Reinigung mit Seifenwasser.

Kyanit, Breite 40 mm. Indien.

DANBURIT

$Ca[B_2Si_2O_8]$

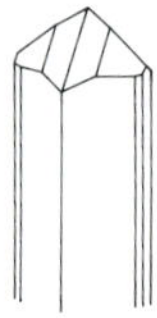

Benennung nach dem ersten Fundort Danbury, Connecticut, USA.

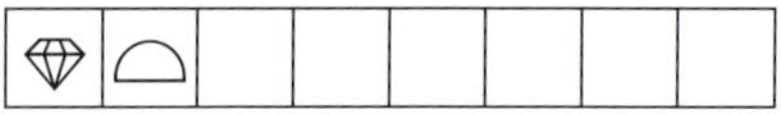

Geschichte: Danburit wurde 1839 bei Danbury (Connecticut, USA) entdeckt.
Genese: Pegmatite, Metamorphite, Sedimente.
Vorkommen: Danburit ist in der Natur häufig, kommt aber nur selten in Edelsteinqualität vor. Honiggelbe Kristalle treten in Baja California (Mexiko) auf, klare bis rosafarbene, bis zu 10 cm große in Charcas (Mexiko). Danburit findet man auch in Bolivien, Birma (große weiße und gelbe Kristalle), Japan (klare, bis zu 9 cm große Kristalle) und Rußland (Dalnegorsk, farblose Kristalle über 20 cm). Große gelbbraune Kristalle stammen aus Madagaskar. Große geschliffene Danburite können über 200 ct wiegen.
Bearbeitung: Facettenschliff, Cabochons.
Imitationen: Keine.

Farbe: Farblos, weingelb, grau, braun und rosa • **Transparenz:** Durchsichtig, durchscheinend • **Glanz:** Glasglanz, Fettglanz • **Bruch:** Muschelig, uneben • **Spaltbarkeit:** (001) unvollkommen • **Härte:** 7,0–7,5 • **Strichfarbe:** Weiß • **Dichte:** 2,97–3,03 • **Brechungsindex:** N_p 1,630, N_m 1,633, N_g 1,647 • **Doppelbrechung:** -0,006 bis -0,008 • **Dispersion:** 0,017 • **Pleochroismus:** Schwach, bei farbigen Steinen gelblich • **Lumineszenz:** Manchmal blau, grünblau, weiß • **Chemismus:** Nicht bekannt • **Besondere Merkmale:** Keine • **Veredelung:** Bestrahlung.

Ähnliche Mineralien: Citrin, Apatit, Topas.
Identifikation: Härte, Dichte, optisch.
Empfehlung: Reinigung mit Seifenwasser; die Anwendung von Ultraschall und Dampf ist riskant.

Danburit, ursprünglich farblose Kristalle zeigen nach radioaktiver Bestrahlung Farbe. Bestrahlter geschliffener Stein von 6 ct. Dalnegorsk, Rußland.

BENITOIT

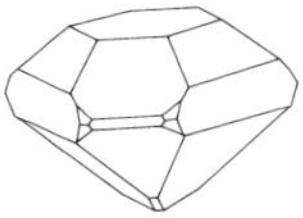

$BaTi[Si_3O_9]$

Benennung nach dem ersten Fundort in San Benito County, Kalifornien, USA.

Geschichte: Benitoit wurde 1907 im Gebiet von San Benito County (Kalifornien, USA) entdeckt.
Genese: Magmatite.
Vorkommen: Benitoit kommt im wesentlichen nur in der Umgebung von San Benito County (USA), und zwar in Serpentinadern in der Assoziation mit Neptunit und Natrolith vor. Er bildet um 1 cm große Kristalle und ist sehr selten. Andere Vorkommen von Benitoiten mit Edelsteinqualität sind nicht bekannt. In den Sammlungen der Smithsonian Institution (Washington) befindet sich ein geschliffener Stein von 7,80 ct.
Bearbeitung: Facettenschliff.

Farbe: Blau, blaugrau, farblos • **Transparenz:** Durchsichtig, durchscheinend • **Glanz:** Glasglanz • **Bruch:** Muschelig • **Spaltbarkeit:** $(10\bar{1}1)$ unvollkommen • **Härte:** 6,0–7,0 • **Strichfarbe:** Weiß • **Dichte:** 3,64–3,68 • **Brechungsindex:** N_e 1,800 bis 1,804, N_o 1,756–1,757 • **Doppelbrechung:** 0,047 • **Dispersion:** 0,044 • **Pleochroismus:** Ist stark dichroitisch • **Lumineszenz:** Intensiv, blau • **Chemismus:** In HF löslich • **Besondere Merkmale:** Keine • **Veredelung:** Nicht bekannt.

Ähnliche Mineralien: Saphir, Cordierit (Iolith), Indigolith.
Imitationen: Keine.
Identifikation: Härte, Dichte, optisch.
Empfehlung: Heftige Temperaturschwankungen sind zu vermeiden, nie mit Dampf reinigen; Ultraschall ist riskant.

Benitoit, Höhe 20 mm. Dallas Gem Mine, San Benito Co., Kalifornien, USA.

94

7

TANSANIT

(Zoisit-Varietät)

$Ca_2Al_3[O(OH)(SiO_4)(Si_2O_7)]$

Benennung nach dem ostafrikanischen Staat.

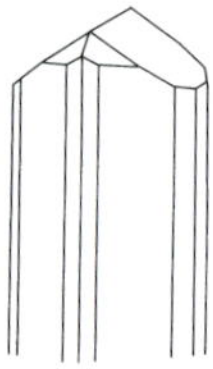

Geschichte: Obwohl ihn die Eingeborenen schon sehr lange kannten, wurde er für die Gemmologie erst 1967 vom indischen Prospektor Manuel de Souza entdeckt. Dieser nahm jedoch zuerst an, eine Saphirlagerstätte gefunden zu haben. Tansanit wurde dann von der Deutschen gemmologischen Gesellschaft als neue Varietät des Zoisits beschrieben. Berühmtheit erlangte der Stein vor allem durch den Schmuck des Filmstars Elizabeth Taylor. Heute gehört Tansanit zu den begehrtesten Edelsteinen.

Astrologie: Schütze.

Chakra: Kehle.

Wirkung auf den Körper: Tansanit hilft bei der Behandlung psychischer Störungen und kräftigt das Herz.

Pflege des Steins: In lauwarmem Wasser entladen.

Farbe: Blau, grünblau, blauviolett, braun, selten auch gelb oder farblos • **Transparenz:** Durchsichtig • **Glanz:** Glasglanz • **Bruch:** Uneben • **Spaltbarkeit:** (100) höchst vollkommen • **Härte:** 6–6,5 , spröde • **Strichfarbe:** Weiß • **Dichte:** 3,35 • **Brechungsindex:** N_p 1,692, N_m 1,693, N_g 1,700 • **Doppelbrechung:** 0,009 • **Dispersion:** 0,019 • **Pleochroismus:** Sehr stark, blau, violett, grün; ist trichroitisch, mit bloßem Auge wahrnehmbar • **Lumineszenz:** Keine • **Chemismus:** Färbung entsteht durch Beimischungen von V^{3+} und Cr^{3+}; bei einer Temperatur um 700 °C kann sich die Farbe noch intensivieren • **Besondere Merkmale:** Manchmal Katzenaugen- und Alexandrit-Effekt • **Veredelung:** Erhitzen.

Genese: Metamorphite, Pegmatite.

Vorkommen: Tansanite lagern im Gebiet der Gerevi Hills, in der Umgebung von Arusha und Moshi in Tansania. Sie bilden prismatische Kristalle mit markanter vertikaler Riefung und kommen in Gneisen mit pegmatitisch-hydrothermalen Adern vor. Schöne rohe und geschliffene Tansanite befinden sich in den Sammlungen der Smithsonian Institution in Washington. In der Literatur

Tansanite mit verschiedenen Farbtönen, nicht mit Wärme behandelt. Größter Stein 3 ct. Tansania.

Tansanit, 16,78 ct. Arusha, Tansania.

Rosafarbener Thulit, Zoisit-Varietät, ist Grundbestandteil des Bausteins Gabbro. Halbinsel Kola, Rußland.

Tansanitkristall, 46 mm. Arusha, Tansania.

werden ein geschliffener Stein von 122,7 ct und ein Tansanit-Katzenauge von 18,2 ct genannt. In jüngster Zeit tauchten Tansanite von mehr als 200 ct auf. Tansanite werden in alle Schmuckarten eingesetzt, oft mit Diamanten. Manchmal läßt ihre Farbe sich durch Erhitzen auf 400–500 °C intensivieren.

Bearbeitung: Facettenschliff, Cabochons.

Ähnliche Mineralien: Saphir, Spinell, Cordierit, Dumortierit.

Imitationen: Dubletten, Glas, synthetischer Korund.

Identifikation: Härte, Dichte, optisch.

Empfehlung: Mit Seifenwasser reinigen; Ultraschall und Dampf sind riskant. Tansanit ist spröde, deshalb Achtung vor mechanischer Beanspruchung und Beschädigung!

96

OLIVIN

$(Mg,Fe)_2[SiO_4]$

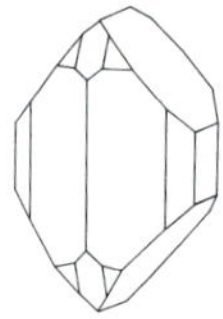

Benennung nach der charakteristischen Farbe.

7

Geschichte: Bekannt ist Olivin seit alters her, Synonyme sind „Peridot“ und „Chrysolith“. Geschliffener Olivin wurde in sakralem Schmuck und Zierat eingesetzt. Ihm wurde magische Kraft zugeschrieben. Zur Zeit des Barock galt er als Stein der Liebenden. Er schützte die Menschen vor Herzschmerzen und half gegen Fieber, Melancholie und Unglück.
Astrologie: In Babylon war er der Stein der „Fische“, in Ägypten und Byzanz der Stein des „Löwen“. Im Mittelalter wurde er der „Jungfrau“ zugeordnet.
Chakra: Herz.
Wirkung auf den Körper: Er beeinflußt die Psyche, die Verdauung und die Funktion der Bauchspeicheldrüse günstig und hilft gegen Verstopfung.
Pflege des Steins: Im Wasser abspülen, kurz im Sonnenlicht aufladen.
Genese: Ultrabasische Gesteine, Pegmatite.
Vorkommen: Die bedeutendsten historischen Lagerstätten befanden sich auf der Insel Zebirget im Roten Meer (Ägypten). Die dortige Förderung war mindestens 3500 Jahre alt. Ähnliche Olivine wurden in Birma (bei Mogok) gefunden. Zusammen mit anderen Edelsteinen fördert man sie in Brasilien (Minas Gerais und Permanbuco). In den USA sind sie aus Arizona (bis zu 20 cm große Aggregate), New Mexico und von den Hawaii-In-

Farbe: Gelbgrün, olivgrün, grünschwarz, schwarzbraun • **Transparenz:** Durchsichtig, durchscheinend • **Glanz:** Glasglanz, Fettglanz • **Bruch:** Muschelig • **Spaltbarkeit:** (010) unvollkommen • **Härte:** 6,5–7 • **Strichfarbe:** Weiß, gelblich • **Dichte:** 3,27 bis 4,20 (je nach Gehalt an Mg und Fe) • **Brechungsindex:** N_p 1,649–1,827, N_m 1,664 bis 1,869, N_g 1,684–1,879 • **Doppelbrechung:** 0,033 bis 0,040 • **Dispersion:** 0,020 • **Pleochroismus:** Schwach, farblos bis hellgrün, grün bis olivgrün • **Lumineszenz:** Keine • **Chemismus:** „Olivin“ ist die Bezeichnung für Minerale der isomorphen Reihe des Forsterits, $Mg_2[SiO_4]$, und des Fayalits, $Fe_2[SiO_4]$ • **Besondere Merkmale:** Selten Katzenaugeneffekt • **Veredelung:** Nicht bekannt.

Olivinkristalle, der größere 49 mm. Pakistan.

Geschliffene Olivine (Varietät Forsterit), der Stein in der Mitte 65 ct. Supat, Kohistan, Pakistan.

seln („Hawait" bekannt). Sie treten auch in den Basalten Mexikos auf; hellgrüne Steine stammen aus Australien. Schöne Kristalle fand man auf der Insel Ross in der Antarktis. In kleinen Mengen werden sie in der Republik Südafrika, Tansania, Kenia, Zaire und Somalia gewonnen. In Rußland kommen Olivine an den Diamantenlagerstätten Sibiriens vor, im Kolymagebiet sogar schwarze, bis zu 20 cm große Fayalitkristalle. Weitere Fundstätten liegen im Ural und im Sajangebirge, neuere in der Mongolei und in Afghanistan.
Historisch bekannt sind die Olivinvorkommen in Böhmen (bei Kozákov). Hellgrüne Steine stammen aus Norwegen, Grönland, Deutschland (Eifel) und Italien. In jüngerer Zeit kamen Olivine aus dem pakistanischen Pamir auf den Markt.

Reine, gelbgrüne, geschliffene Steine wiegen allgemein mehr als 100 ct. Viele große geschliffene Olivine haben ihre Geschichte und Bedeutung. Sie sind die Zierde zahlreicher Museen. Es werden geschliffene Steine mit einem Gewicht bis zu 310 ct genannt (Smithsonian Institution, Washington), die von der Insel Zebirget her stammen. Ein Stein aus Birma wiegt 287 ct. Im Diamantenfond Rußlands in Moskau befindet sich ein geschliffener Stein mit einem Gewicht von 192,6 ct, der ebenfalls auf der Insel Zebirget gefunden wurde.
Bearbeitung: Facettenschliff, Cabochons.
Ähnliche Mineralien: Chrysoberyll, Prehnit, Moldavit.
Imitationen: Synthetischer Spinell, synthetischer Korund.
Empfehlung: In Seifenwasser reinigen, nicht mit Ultraschall, nie mit Dampf; Olivin ist spröde. Lötflüssigkeit kann die Oberfläche beschädigen; das Mineral reagiert mit Säuren.

Geschliffener pakistanischer Olivin mit typischen Ludwigit-Inklusionen, 4,5 ct.

Anschliff eines Meteoriten, eines „Pallasits", in dem Olivinkörner von Eisen umschlossen sind. Breite 70 mm.

CHALCEDON

(Quarz-Gruppe)

SiO_2

Benennung nach der untergegangenen Stadt Kalchidon in Kleinasien.

Geschichte: Chalcedon ist schon seit alters her als Edelstein bekannt. Das beweisen verschiedene, schon 8000 Jahre alte archäologische Funde. Am Anfang diente er als bedeutender Rohstoff zur Herstellung von Werkzeugen, später wurde er als Edelstein geschätzt. Seit dem Mittelalter ist das Färben von Chalcedon bekannt. Er ist der Stein der Liebe, und Frauen nahmen ihn, weil er das Herz der Männer anzog. Daneben galt er als Symbol der Macht und schützte vor Zorn und Melancholie.
Astrologie: Steinbock, Krebs, Schütze.
Chakra: Kehle.
Wirkung auf den Körper: Heilt Halsleiden und klimakterische Beschwerden und stillt Blutungen.

Farbe: Weiß, grau, graublau, selten auch andersfarbig • **Transparenz:** Durchsichtig, durchscheinend • **Glanz:** Glasglanz, matt, Seidenglanz • **Bruch:** Uneben, muschelig • **Spaltbarkeit:** Keine • **Härte:** 6–7 • **Strichfarbe:** Weiß • **Dichte:** 2,50–2,70 • **Brechungsindex:** N_e 1,539–1,544, N_o 1,526 bis 1,535 • **Doppelbrechung:** 0,004–0,009 • **Dispersion:** Keine • **Pleochroismus:** Fehlt • **Lumineszenz:** Manchmal schwach bis intensiv gelbgrün, gelb, weiß, hellblau • **Chemismus:** Die Farbvariationen werden durch Beimischungen von Fe, Mn, Ni, Cr und verschiedene Inklusionen verursacht; nach der Färbung, der Texturzeichnung und den Inklusionen anderer Mineralien (vor allem Chloride und Hämatite) haben Chalcedone verschiedene Synonyma: Plasma, Karneol, Achat, Prasem, Heliotrop, Onyx, Sard-Onyx, Chrysopras, Jaspis, Flint u. ä. Chalcedon ist eine kryptokristallinische Quarzvarietät • **Besondere Merkmale:** Selten Irisieren • **Veredelung:** Erhitzen, Färben.

Chalcedon, Länge des Tropfsteins 15 mm. Podmoskowskoje, Rußland.

Erzeugnisse aus buntem Chalcedon von verschiedenen Fundorten.

Pflege des Steins: Er wird unter fließendem Wasser gereinigt und im Sonnenlicht aufgeladen.
Genese: Vulkanite, heiße Quellen, Verwitterungszonen, Sedimente.
Vorkommen: Chalcedon kommt in fast allen Ländern der Welt vor. Bedeutend und seit jeher bekannt sind Chalcedone aus Indien. Sie treten auf den Basalten des Hochlands von Dekhan, in Verwitterungskrusten und Seifen auf. Häufig sind sie auch auf der Arabischen Halbinsel (Saudiarabien und Jemen), auf der Insel Taiwan, im Irak und anderswo. Man findet sie in den USA, und zwar in Florida, Kalifornien (blaue), Oregon, Arizona (rosafarbene, violette), Colorado, Idaho, des weiteren in Kanada, Mexiko, Brasilien und Uruguay, auf Neuseeland, in Australien, auf Island und den Färöer-Inseln. Auf dem afrikanischen Kontinent treten Chalcedone in vielen Staaten auf, vor allem in Namibia, in der Republik Südafrika, in Botswana, Marokko, Libyen, Ägypten, ebenso in Äthiopien und auf der Insel Madagaskar. Große Chalcedonlagerstätten befinden sich in Rußland, insbesondere im Ural, im Transbaikalgebiet und auf der Insel Sachalin, außerdem in Kasachstan, Armenien, Grusinien und Aserbaidschan. In Europa sind Chalcedone seit historischer Zeit unter anderem in Böhmen (im Riesengebirgsvorland), Deutschland und Österreich, in der Slowakei, in Polen, Italien (Sardinien und Sizilien), Bulgarien und Rumänien aufgetreten.

Bearbeitung: Cabochons, kleine und größere Glypten, Galanterieschmuck und für technische Zwecke.
Ähnliche Mineralien: Smithsonit, Opal.
Imitationen: Glas.
Identifikation: Härte, Dichte, optisch.
Empfehlung: Reinigung ohne Probleme, reagiert mit Fluorwasserstoffsäure.

Plasma, Hrubšice, Tschechische Republik.

CHRYSOPRAS

(Quarz-Gruppe)

SiO_2

Name von griechisch „chrysos“ – Gold und „prasmai“ – schätzen.

Geschichte: Chrysopras war schon den Griechen und Römern bekannt. Sie stellten Broschen, Armbänder, Halsketten und Ringe aus ihm her und schmückten mit ihm Tempel und Kapellen. Er war ein Talisman, der vor dem bösen Blick, vor Neid und Fluch schützte.

Astrologie: Er war der Stein des „Skorpions“ (bei den Ägyptern) oder des „Schützen“ (nach den Astrologen des Altertums).

Chakra: Herz.

Wirkung auf den Körper: Er bereitet dem Herzen Ruhe und hilft bei Blutungen.

Pflege des Steins: Mit lauwarmem Wasser entladen.

Genese: Verwitterungskrusten von Serpentinmassiven.

Vorkommen: Chrysopras ist in der Natur verhältnismäßig selten. Er ist von Indien bekannt und in den USA verbreitet (z.B. Keystone in Arizona, Kalifornien, North Carolina, Oregon). Chrysopras kommt auch in Brasilien, Australien, auf Neukaledonien und Tasmanien vor. Auf dem afrikanischen Kontinent findet man ihn in Tansania, Simbabwe und der Republik Südafrika. Außerdem kommt er in Rußland und Polen vor, in neuerer Zeit wurde er in Jugoslawien (Golesch) entdeckt. Hochwertige Steine mit einem Gewicht von mehreren kg werden gegenwärtig aus Kasachstan geliefert.

Farbe: Smaragdgrün, blaugrün und apfelgrün. Die Färbung wird von Ni-Salzen verursacht, die in der Grundmasse gelöst sind • **Transparenz:** Durchscheinend, undurchsichtig • **Glanz:** Glasglanz, matt • **Bruch:** Uneben, muschelig • **Spaltbarkeit:** Keine • **Härte:** 6–7 • **Strichfarbe:** Weiß • **Dichte:** 2,50 bis 2,70 • **Brechungsindex:** N_e 1,539–1,544, N_o 1,526–1,535 • **Doppelbrechung:** 0,004 bis 0,005 • **Dispersion:** Keine • **Pleochroismus:** Fehlt • **Lumineszenz:** Keine • **Chemismus:** Beimischungen von Ni-Salzen oder Cr (Varietät Mosolith aus Simbabwe) • **Besondere Merkmale:** Keine • **Veredelung:** Nicht bekannt.

Bearbeitung: Cabochons, kleine und größere Glypten, Tafelschliff, selten Facettenschliff, kleine Galanterieschmuckstücke.

Ähnliche Mineralien: Jadeit, Prehnit, Variscit.

Imitationen: Künstlich gefärbter Chalcedon.

Identifikation: Härte, Dichte, optisch.

Empfehlung: Reinigung ohne Probleme, reagiert mit Fluorwasserstoffsäure, verliert im Licht und durch Erhitzen die Farbe.

Chrysopras, größter geschliffener Stein 40 mm. Szklary, Polen.

KARNEOL

(Quarz-Gruppe)

SiO_2

Benennung nach lateinisch „caro" – Fleisch (rote Farbe)

Farbe: Dunkelrot, orangerot (Sardolith), braunrot • **Transparenz:** Durchscheinend • **Glanz:** Glasglanz, matt • **Bruch:** Uneben, muschelig • **Spaltbarkeit:** Keine • **Härte:** 6–7 • **Strichfarbe:** Weiß • **Dichte:** 2,50–2,70 • **Brechungsindex:** N_e 1,539–1,544, N_o 1,526 bis 1,535 • **Doppelbrechung:** 0,004–0,009 • **Dispersion:** Keine • **Pleochroismus:** Fehlt • **Lumineszenz:** Keine • **Chemismus:** Die Farbe wird von Fe verursacht • **Besondere Merkmale:** Inklusionen von Hämatit und anderen Mineralien • **Veredelung:** Nicht bekannt.

Karneolknollen im Muttergestein. Brdo bei Nová Paka, Tschechische Republik.

Bearbeitung: Cabochons, Tafelschliff, kleine Glypten und Galanterieschmuck.
Ähnliche Mineralien: Jaspis.
Imitationen: Farbiger Chalcedon, Glas.
Identifikation: Härte, Dichte, optisch.
Empfehlung: Reinigung ohne Probleme, kann im Licht seine Farbe verlieren.

Karneolplastik, Höhe 100 mm. Russische Arbeit aus der 2. Hälfte des 19. Jahrhunderts.

Geschichte: Karneol wurde zur Herstellung von Siegelstöcken, Schmuck und Zierat schon vor unserer Zeitrechnung gefördert. Ihm wurde nachgesagt, daß er vor Streit, Zahnschmerzen und Nervenleiden schützt, Blutungen stillt, Fieber senkt, Zorn besänftigt und Glück bringt.
Astrologie: Karneol war der Stein des „Krebses" (nach den Ägyptern) oder des „Widders" und des „Löwen" (nach den Astrologen des Mittelalters).
Chakra: Sakralchakra.
Wirkung auf den Körper: Beeinflußt die Entwicklung der Geschlechtsdrüsen, kräftigt die Herztätigkeit, steigert die Vitalität.
Pflege des Steins: Von Zeit zu Zeit mit Wasser abspülen und im Sonnenlicht aufladen.
Genese: Vulkanite, Verwitterungszonen.
Vorkommen: Karneol ist aus Indien, Saudi-Arabien und Ägypten bekannt. Bedeutende Lagerstätten befinden sich in Brasilien (Rio Grande do Sul) und in den USA (Colorado, Utah, Nebraska). Er kommt auch in Australien, Rußland (im Tschuktschengebiet und der Umgebung von Jakutsk), in der Tschechischen Republik, in Deutschland und Rumänien vor.

ACHAT

(Quarz-Gruppe)

SiO_2

Benennung nach dem Fluß Achates (heute Dirillo) auf Sizilien.

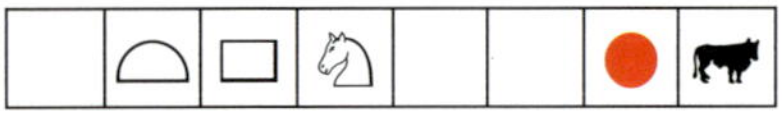

Geschichte: Achate sind den Menschen schon über 8000 Jahre vertraut. Das beweisen verschiedene aus Achat hergestellte Geräte von archäologischen Funden. Sie waren den Skythen bekannt und wurden von Theophrast (376–287 v. Chr.) erwähnt, der ihnen den Namen gab. Besonderer Beliebtheit erfreuten sie sich im Altertum. Aus Achat wurden Ziergegenstände gefertigt und Gemmen geschnitten (z.B. die berühmte Gemme des Augustus im Wiener Museum). In Griechenland und Rom verstand man sich auf das Färben der Steine. Sie hatten als Talismane Bedeutung und schützten angeblich vor Giften, schärften den Blick und hielten Gewitter und Stürme zurück. Ästhetisch besonders wirkungsvoll sind mehrfarbige Achate mit kalten und warmen Tönen. Die Farben werden durch die Bandtextur betont, die meistens konzentrisch angeordnet ist. Parallelfaserige Texturen treten selten auf. Bei einigen Achaten wechseln auf 1 cm Breite bis zu 15 000 Schichten. Manchmal sind die Texturen klumpen- oder augenförmig, oolithisch oder dendritisch („Moosachat"). Bei einigen Achaten befindet sich in der Mitte ein Hohlraum, der mit Amethyst-, Rauchquarz-, Calcit- oder Zeolithkristallen gefüllt ist. Die Farbe des Achats hängt von der Menge der Inklusionen anderer Minerale ab (z.B. von Chloriten, Hämatit, Limonit, Goethit, Seladonit) oder wird von den Mikrobeimischungen anderer Elemente verursacht. Achate wurden auch künstlich gefärbt. Entsprechend der Texturzeichnung oder dem Irisieren haben Achate zahlreiche Namen: Aztekenachat, Brasilachat, Augenachat, Dendritenachat, Sternachat, Korallenachat, Ruinenachat, Breccienachat u.ä. Seit historischer Zeit sind Achate auf dem asiatischen Kontinent, vor allem in Indien bekannt. Sie sind an Basaltergüsse und deren Verwitterungsmassen auf der Hochebene von Dekhan gebunden, ihre Farbe ist grau, grauweiß und graublau.

Farbe: Achate sind immer mehrfarbig mit überwiegend grauen, graublauen und weißen Farbtönen, oft blauweiß, blau, leicht rosa getönt, cremeweiß, rötlich, selten grünblau, rotblau, rotbraun, braun, gelbbraun, orange bis grauschwarz, auch grünliche Achate sind bekannt • **Transparenz:** Durchscheinend, undurchsichtig • **Glanz:** Glasglanz, matt, Seidenglanz • **Bruch:** Uneben, muschelig • **Spaltbarkeit:** Keine • **Härte:** 6–7 • **Strichfarbe:** Weiß • **Dichte:** 2,50–2,70 • **Brechungsindex:** N_e 1,539–1,544, N_o 1,526 bis 1,535 • **Doppelbrechung:** 0,004–0,009 • **Dispersion:** Keine • **Pleochroismus:** Fehlt • **Lumineszenz:** Manchmal schwach bis intensiv gelb, grünlich, hellblau, weiß • **Chemismus:** Beimischungen von Fe, Mn, Ni, Cr usw. • **Besondere Merkmale:** Irisieren • **Veredelung:** Färben, Erhitzen.

Künstlich verschieden bunt gefärbter Achat, Breite 180 mm, an den beiden Seiten wurde die ursprüngliche Farbe des Steins beibehalten. Brasilien.

Achate von verschiedenen Fundorten.

Von links oben: Slowakei, Mexiko, Australien 3x, Botswana, Tschechische Republik und Mongolei, Tschechische Republik 3x, Polen, Australien 3x.

Achat, St. Egidien, BRD.

Astrologie: Stier.
Chakra: Elementarchakra.
Wirkung auf den Körper: Kräftigt die Fortpflanzungsorgane, stillt Schmerzen und wurde auch gegen Epilepsie und Schlaflosigkeit eingesetzt.
Pflege des Steins: Unter Wasser entladen und dann kurz im Sonnenlicht aufladen.
Genese: Vulkanite (Metaphysen, Basalte, Rhyolithe, Porphyrite), hydrothermal, Verwitterungszonen, Sedimente und Seifen.
Vorkommen: Achate sind auf der ganzen Welt bekannt. Sehr schön gefärbte Steine kommen in China und im mongolischen Teil der Wüste Gobi (z.B. Akr-Bogno, Dalan-Turu, Ulugaj-Hid) vor. Die Textur dieser Achate ist konzentrisch, kombiniert, parallel und bandförmig. Hier treten rote, orange und gelbbraune Steine auf. In ihrer Mitte befindet sich oft eine Geode entweder aus Amethyst, Rauchquarz oder Bergkristall. Schöne Achate stammen auch aus dem Jemen (Wadi Khinai), dem Irak (Rutha) und aus Indonesien. Auf dem amerikanischen Kontinent befinden sich Achatlagerstätten in Brasilien und Uruguay. Sie nehmen hier eine Fläche von etwa 1,5 Millionen km^2 im Primärgestein und dessen Seifen ein, die an die Lavaströme des Basalts gebunden sind. Diese Lagerstätten wurden 1827 entdeckt und sind heute die größten der Welt. Die Farben dieser Achate sind recht monoton (grau, graublau), lassen sich aber gut künstlich verändern. Charakteristisch sind mittige Amethystgeoden. In Mittelamerika werden Achate in Nicaragua (San Juan de Limai, weiße und graue Achate) und in Mexiko (bunte und Feuerachate) gefördert. In den USA treten sie in Kalifornien, Oregon, Idaho, Wyoming, Montana, Iowa und Florida auf.
In Australien lagern Achate an mehreren Stellen. Afrika hat ebenfalls zahlreiche Vorkommen. Hier findet man die Steine auch in den Seifen an der Küste von Namibia, auf Madagaskar (Antsirabe), in Moçambique (Lebombo), in der Republik Südafrika, Botswana und Lesotho. Sehr schöne Achate sind aus Äthiopien, Marokko, Zaire (Flußlauf des Kasaj), Uganda, Angola und Ägypten (Djebel Abu Diyeiba, schon 3000 Jahre) bekannt. Bedeutende Fundstätten liegen auch in Rußland (Timangebiet, Ural, Sibirien Amurgebiet), des weiteren in Armenien, Grusinien und in Aserbaidschan.

Feuerachat, Breite 28 mm. Arizona, USA.

Achat, Horní Halže, Tschechische Republik.

Polygonalachat, Brasilien.

Schöne blaue und orangerote Achate stammen von der Tschuktschen-Halbinsel und Kamtschatka. Ebenso kommen Achate in Kasachstan, Usbekistan und Turkmenistan (Tawaku, schwarze Achate) vor.
In Europa treten Achate vielerorts auf, sie wurden hier schon in historischer Zeit gefördert. Besonders bekannt sind Achate von Idar-Oberstein in Deutschland und St. Egidien. Sie kommen in Polen, Norwegen, Schottland und Griechenland vor.

Moosachat, Indien.

Schöne Achate stammen aus Bulgarien (Rhodopengebiet), Italien (Fassatal), Finnland und von den Färöer-Inseln. Historisch bekannt sind die Lagerstätten in Böhmen (Riesengebirgsvorland), wo die Förderung zur Zeit Kaiser Rudolfs II. ihren Höhepunkt erreichte. Berühmtheit erlangten hier die Orte Kozákov, Levín, Železnice, Rvácov und Frýdštejn.
Achate und die aus ihnen hergestellten Erzeugnisse sind Zierde vieler Museen der Welt. Schöne Sammlungen befinden sich im Zeughaus Oruschojnaja palata im Kreml, im Fersman-Museum in Moskau und in der Eremitage in Petersburg. Prächtige Achate gehören zum Besitz der Sammlungen des Kunsthistorischen Museums in Wien und der Nationalbibliothek in Paris, werden aber auch in den alten Zentren der Achatschleiferei, in Turnov (Tschechien) und in Idar-Oberstein (Deutschland), aufbewahrt.
Bearbeitung: Cabochons, Tafelschliff, Gemmen, kleine und mittelgroße Glypten, Galanterieschmuck und getrommelte Steine.

Achat, Mexiko.

Ähnliche Mineralien: Opal, Fluorit (Bandtypen).
Imitationen: Glas.
Identifikation: Dichte, Härte, optisch.
Empfehlung: Reinigung ohne Probleme, reagiert mit Fluorwasserstoffsäure, Wärmeeinwirkungen können Farbveränderungen zur Folge haben.

Achat-Onyx, Brasilien.

JASPIS

(Quarz-Gruppe)

SiO_2

Benennung nach dem griechischen Wort „jaspis" oder nach dem persischen „ysam".

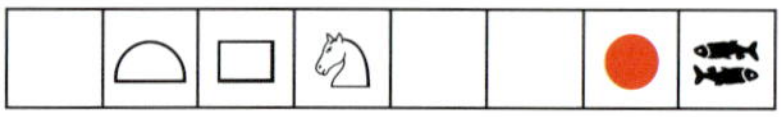

Geschichte: Jaspis wurde seit alters her als Edelstein bearbeitet. Man stellte aus ihm zum Beispiel Siegelstöcke, Kleinglypten und Galanterieschmuck her. Dem Jaspis wurden magische Kräfte zugeschrieben. In alten Legenden erhielt er sogar die Bezeichnung „Mutter aller Steine". Er sollte vor Schwindelanfällen schützen, den Appetit anregen, Frauenleiden heilen, vor Gespenstern und Enttäuschungen in der Liebe bewahren.
Astrologie: Er war Monatsstein der „Jungfrau" (bei den Babyloniern), des „Wassermanns" (bei den Ägyptern) und der „Fische" (bei den Byzantinern).
Chakra: Elementarchakra.
Wirkung auf den Körper: Unterstützt die Behandlung von Nieren und Harnblase, dämmt Blutungen und die Bildung von Hämorrhoiden ein, verbessert die Funktion von Magen, Darm und Leber und hilft angeblich gegen Gicht.
Pflege des Steins: In Wasser abspülen, im Sonnenlicht aufladen.
Genese: Postvulkanische Vorkommen, Metamorphite, Sedimente, Verwitterungszonen und Seifen.
Vorkommen: Historisch bekannt sind die Vorkommen auf der Hochebene von Dekhan in Indien. Jaspise treten hier zusammen mit Achaten auf. Lagerstätten finden sich auch in China und in der Mongolei. In den USA treten vor allem gelbe, rote und weiße Steine (in Kansas) auf, gestreifte kommen aus Texas, Arizona, Kalifornien, Vermont, Wyoming und Idaho. Schwarzes Jaspisgestein lagert in North Carolina. Nicaragua, Venezuela und Brasilien liefern rote und grünliche Jaspise. Breccien- und Streifenjaspise weist Australien auf. Auf dem afrikanischen Kontinent werden sie vor allem in Südafrika gefunden. Von hier stammt auch der sogenannte „Zebrajaspis". Historisch bekannt sind die Jaspise Ägyptens aus dem Gebiet des Nils (die sogenannten „Nilquarze"). Uganda und Libyen liefern ebenfalls Jaspis. Die schönsten Heliotrope stammen aus Indien. Weltbekannt und umfangreich sind die Jaspisvorkommen in Rußland. Dort werden die Steine schon seit dem Mittelalter gefördert und bearbeitet. Besonders bekannt für seine Jaspise ist der Ural. Im Mittel- und Südural entdeckte man bis

Farbe: Verschieden – meistens verschiedene Töne von Rot, Violettrot, Gelb, Grün, Weiß, Braun. Die Farbe entsteht auch durch Beimischungen anderer Mineralien. Grüner Jaspis mit regelmäßigen Flecken heißt „Heliotrop" • **Transparenz:** Undurchsichtig • **Glanz:** Matt • **Bruch:** Uneben • **Spaltbarkeit:** Keine • **Härte:** 6–7 • **Strichfarbe:** Entsprechend den Beimischungen verschieden • **Dichte:** 2,58–2,91 • **Brechungsindex:** Wie beim Chalcedon • **Doppelbrechung:** Keine • **Dispersion:** Keine • **Pleochroismus:** Fehlt • **Lumineszenz:** Fehlt • **Chemismus:** Beimischungen von Fe, Mn, aber auch von Opal, Quarz u.ä • **Besondere Merkmale:** Keine • **Veredelung:** Färben, Erhitzen.

Jaspis, Oregon, USA.

Jaspis, Oregon, USA.

Jaspis, Indien.

zu mehreren Tonnen schwere Jaspisblöcke verschiedener Farben („Orsk-Jaspis"). Grusinien, Polen, Finnland, Deutschland, Italien, Frankreich und das Riesengebirgsvorland in Böhmen haben gleichfalls Jaspis-Lagerstätten. Aus historischer Zeit stammen die Jaspisdekorationen zahlreicher

Jaspis, Indien.

Jaspis, BRD.

Jaspis, „Heliotrop". Indien.

Kirchen, vor allem in Böhmen (so wurde z.B. die Heilig-Kreuz-Kapelle der Burg Karlstein mit 2496 Steinen geschmückt).

Bearbeitung: Cabochons, Tafelschliff, plastische Schleifereien, Ziergegenstände.

Ähnliche Mineralien: Quarzsubstanzen.

Imitationen: Glas.

Identifikation: Optisch.

Empfehlung: Reinigung ohne Probleme; bei heftigen Temperaturschwankungen können Farbveränderungen auftreten.

Bunte Jaspise von verschiedenen Fundorten.

QUARZSUBSTANZEN

(Hierher gehören vor allem die „Eisenquarze", verschiedene Typen von Hornsteinen, silizifizierte Pflanzen- und Tierreste, einige Silicide und Jaspilite u.ä. Eine genaue Abgrenzung ist schwierig.)

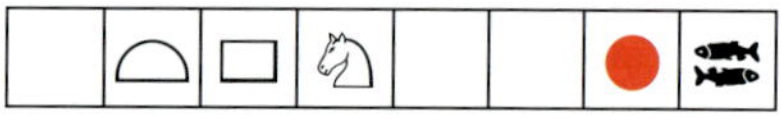

Geschichte: Einige Quarzsubstanzen, die regional mit speziellen Namen belegt werden, tauchen schon in prähistorischer Zeit als Materialien zur Herstellung von Dekorations- und Schmuckgegenständen auf. Sie waren und sind beliebter Rohstoff, aus dem Plastiken, Verkleidungen, Galanterieartikel und Bijouterieartikel geschaffen werden.
Astrologie: Löwe, Widder.
Chakra: Elementarchakra, Sakralchakra.
Wirkung auf den Körper: Sie fördern die Vitalität und das seelische Gleichgewicht.
Pflege der Steine: Mit Wasser abspülen, im Sonnenlicht aufladen.
Genese: Metamorphite, hydrothermal, Sedimente, Seifen.
Vorkommen: Eisenquarze treten in vielen Ländern auf. Die größten Lagerstätten befinden sich in Brasilien, Indien, der Ukraine, Kasachstan und Rußland, wo die Steine zur Herstellung verschiedener Ziergegenstände, die oft beträchtliche Ausmaße besitzen, oder als Verkleidungsmaterial oder für Mosaiken verwendet werden. Sehr schöne Eisenquarze hat die Tschechische Republik (Umgebung von Prag, Hořovice); verschiedene Typen von Hornsteinen kommen in Polen, Deutschland, Libyen, Australien und Kuba vor.

Farbe: Verschieden – rot, orange, gelb, braun, grau, beige, schwarz, überwiegend jedoch mehrfarbig • **Transparenz:** Undurchsichtig • **Glanz:** Matt, Glasglanz • **Bruch:** Uneben, muschelig • **Spaltbarkeit:** Keine, manchmal Absonderung • **Härte:** Entsprechend den Beimischungen variabel, bis 7 • **Strichfarbe:** Weiß, manchmal entsprechend den Beimischungen anders • **Dichte:** 2,56–3,00 (in Abhängigkeit von den Beimischungen) • **Brechungsindex:** N_e 1,553, N_o 1,544 • **Doppelbrechung:** 0,009 • **Dispersion:** 0,013 • **Pleochroismus:** Fehlt • **Lumineszenz:** Keine • **Chemismus:** Die Farben entstehen durch Beimischungen von Fe und anderen Elementen, aber auch von verschiedenen Mineralien • **Besondere Merkmale:** Erhebliche farbige und strukturelle Variabilität • **Veredelung:** Einige Typen werden zur Verbesserung ihrer Farben gebrannt oder der Einwirkung des Sonnenlichts ausgesetzt.

Silizifiziertes, d.h. verkieseltes bzw. versteinertes Holz wird unter anderem in Indien, im Irak, in Syrien, in der Mongolei, in den USA, Griechenland, Nicaragua, in Argentinien und Australien gefördert und auf den Markt gebracht. Es tritt häufig auch in der Tschechischen Republik auf (z.B. Riesengebirgsvorland, Umgebung von Pilsen, Südmähren).
In den USA entdeckte man sogenannte „Dinosaurierknochen". Das sind verkieselte Echsenknochen, die sich bei Sammlern großer Beliebtheit erfreuen. Verschiedene Quarzsubstanzen sind auch in Deutschland, Marokko, Algerien, im Irak, in Libyen, Ägypten, im Jemen, in Indien und Vietnam zu finden.

Eisenquarz, Řevnice, Tschechische Republik.

Eisenquarz, Hořovice, Tschechische Republik.

Hornstein, Vrančice bei Milín, Tschechische Republik.

Bearbeitung: Verschiedene Miniaturplastiken, Mosaiken, Ziergegenstände, Cabochons.
Ähnliche Mineralien: Jaspis, Achat.

Hornstein, Krzemiónki, Polen.

Imitationen: Keine.
Identifikation: Optisch, Härte.
Empfehlung: Reinigung problemlos.

Versteinertes Holz (Arankarit), Arizona, USA.

Turitella-Achat, USA.

Versteinertes Holz (Psaronie), Tschechische Republik.

„Dinosaurierknochen", USA.

JADEIT

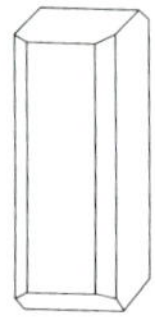

$NaAl[Si_2O_6]$

Benennung nach dem spanischen Ausdruck „piedras de ijada“ – Lendenstein.

Geschichte: Schon die Chinesen nannten den Jadeit „Stein yü“. Im Neolithikum stellte man daraus verschiedene Geräte, in China ebenfalls Kultgegenstände her. Hier war er Symbol der Staatsmacht. Er besaß damals größeren Wert als Gold. Die Mayas und Azteken kannten Jadeit ebenso. Er schützte angeblich vor Nierenleiden und heilte sie. Jadeitamulette bewahrten vor Unglück.
Astrologie: Krebs.
Chakra: Herz.
Wirkung auf den Körper: Jadeit strahlt Energie aus, beeinflußt die Psyche, unterstützt die Heilung von Nieren- und Blasenleiden, mildert Kopfschmerzen und ist ein wirksames Mittel gegen Schlaflosigkeit.

Farbe: Grünweiß, grün, hellgrün (Albitjadeit), smaragdgrün (Imperial-Jadeit), grau, selten rötlich, braun, violett, grünrot (Chloromelanit), rot, orange • **Transparenz:** Durchscheinend, undurchsichtig • **Glanz:** Glasglanz, Fettglanz • **Bruch:** Uneben, muschelig • **Spaltbarkeit:** (110) gut • **Härte:** 6,5 bis 7 • **Strichfarbe:** Weiß • **Dichte:** 3,25 bis 3,36 • **Brechungsindex:** N_p 1,640–1,658, N_m 1,645–1,663, N_g 1,652–1,673 • **Doppelbrechung:** 0,012–0,020 • **Dispersion:** Keine • **Pleochroismus:** Fehlt • **Lumineszenz:** Manchmal schwach weiß • **Chemismus:** Färbung verursacht durch Beimischungen von Fe^{2+} und Fe^{3+}, manchmal auch von Cr^{3+} (Imperial-Jadeit) • **Besondere Merkmale:** Selten Katzenaugeneffekt • **Veredelung:** Erhitzen, Färben.

Pflege des Steins: Nach einer gewissen Zeit unter fließendem Wasser entladen und dann eine bestimmte Zeit lang im Sonnenlicht aufladen.

Jadeit-Plastik, Höhe 50 mm. Indien.

Jadeit-Statuette, Höhe 120 mm. Moderne chinesische Arbeit.

Genese: Metamorphite.

Vorkommen: Seit historischer Zeit sind Birma und China weltbekannte Jadeitlieferanten. Besonders berühmt waren die Vorkommen im Tal des Flusses Uru im Norden Birmas (Tawmaw, Mainmaw, Pangvaw). Andere Lagerstätten befinden sich in der Provinz Myitkyina. Von hier stammen die hochwertigsten Rohstoffe (Imperial-Jadeite). In Tibet und der Provinz Yünnan werden ebenfalls Jadeite gefördert, von hier stammt ein Block von 160 t Gewicht. Geringere Vorkommen sind in Japan und Indien zu verzeichnen. Auf dem amerikanischen Kontinent treten Jadeite in den USA (Kalifornien), Guatemala, Mexiko und Kolumbien auf, des weiteren kommen sie im südlichen Teil Australiens, in Papua-Neuguinea und auf Neuseeland vor. Kleinere Lagerstätten befinden sich unter anderem in Kasachstan in der Umgebung des Balchaschsees, in Rußland im Ural und im Sajanischen Gebirge, ebenso in Armenien, Grönland und Italien. Chloromelanite sind aus Birma, Italien, Frankreich und der Schweiz bekannt. Zier- und Gebrauchsgegenstände aus Jadeit lassen sich in zahlreichen Museen bewundern, etwa in der Eremitage in Petersburg, im Museum der östlichen Kulturen in Rußland oder im American Museum of Natural History.

Bearbeitung: Cabochons, kleine, mittelgroße und große Glypten, Galanterieartikel.

Ähnliche Mineralien: Nephrit, Amazonit, Avanturin, Prehnit, Hydrogrossular, Serpentin, Agalmatolith.

Imitationen: Hydrogrossular, Serpentin.

Identifikation: Härte, Dichte, optisch.

Empfehlung: Die Reinigung ist problemlos; Flammen können Jadeit beschädigen.

NEPHRIT

(Aktinolith-Gruppe)

$Ca_2(Mg,Fe)_5[(OH,F)(Si_4O_{11})]_2$

Benennung von griechisch „nephros“ – Niere

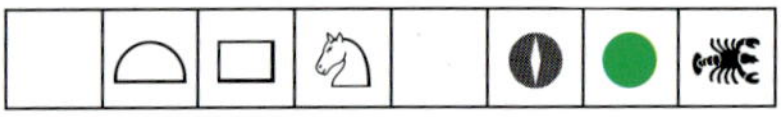

Geschichte: Nephrit ist seit alter Zeit bekannt, wie zahlreiche archäologische Funde beweisen. Durch seine Zähigkeit eignete er sich zur Herstellung von Werkzeugen. Später verarbeitete man ihn auch zu Ziergegenständen. Besonders hoch geschätzt wurde Nephrit in Babylon, wo man ihm magische Kraft zuschrieb. Große mythologische Bedeutung besaß er in China. Man verwendete ihn bei religiösen Zeremonien. Noch vor der Ankunft von Columbus war er in Mittelamerika bereits beliebt. Nach den Sumerern war er in der Lage, unerwartete Lebenssituationen zu lösen. Angeblich heilte er Nierenleiden und milderte Nierenkoliken (daher auch der Name).
Astrologie: Krebs.
Chakra: Herz.
Wirkung auf den Körper: Er wird zur Behandlung urologischer Krankheiten eingesetzt und wirkt auf die gesamte Psyche – er beruhigt.
Pflege des Steins: Im Wasser entladen, kurz im Sonnenlicht aufladen.
Genese: Metamorphite, Seifen.
Vorkommen: Nephrit kommt in der Natur häufiger vor als Jadeit. Vereinzelt bildet er große Blöcke. In Rußland wurden 4–5 Tonnen schwere Steine gefunden (im Sajanischen Gebirge). Aus Birma stammt ein Nephritblock, der sogar 30 t wog. Historisch bedeutende Lagerstätten befinden sich in China in der Provinz Sinkiang, im Kunlun-Gebirge und in der Umgebung von Kaschgar. Nephrit-Katzenaugen kommen auf Taiwan und in Jordanien vor. In den USA tritt Nephrit in Kalifornien, Oregon, Utah, Wyoming und mit Katzenaugeneffekt in Alaska auf. Er wird auch in Kanada, Brasilien und Mexiko abgebaut. Bedeutende Lagerstätten sind auf Neuseeland bekannt. Hier förderten die einheimischen Maori Nephrit schon vor der Ankunft der Europäer, und zwar im Arakuara

Nephrit, Jordanow, Polen.

Farbe: Grün, graugrün, smaragdgrün, dunkelgrün, selten weiß, bläulich, bräunlich, gelb, spinatgrün („Russische Jade“) und schwarz • **Transparenz:** Durchscheinend, undurchsichtig • **Glanz:** Glasglanz, Seidenglanz • **Bruch:** Splittrig, uneben • **Spaltbarkeit:** Keine • **Härte:** 6,0–6,5, spröde, zäh • **Strichfarbe:** Weiß • **Dichte:** 2,90–3,02 • **Brechungsindex:** N_p 1,599 –1,618, N_m 1,613 bis 1,633, N_g 1,625–1,641 • **Doppelbrechung:** -0,027 (lediglich theoretisch, praktisch fehlt sie) • **Dispersion:** Keine • **Pleochroismus:** Markant (oft durch faserige Lagen maskiert), gelb, braun bis grün • **Lumineszenz:** Keine • **Chemismus:** Die Farbe entsteht durch Beimischungen von Cr, Ni und Mn, mineralogisch ist Nephrit eine faserige Varietät des Aktionliths • **Besondere Merkmale:** Katzenaugeneffekt • **Veredelung:** Färben.

Nephrit-Anschliff, Mexiko.

Nephritschale, Länge 160 mm. Russische Arbeit aus der zweiten Hälfte des 19. Jahrhunderts.

und am Wakapitu-See. Diese Steine sind durchscheinend und gelten als schönste Nephrite der Welt. Nephrite finden sich auf Neukaledonien, in Australien, in Simbabwe und Rußland (im Ural, im Sajanischen Gebirge, im Gebiet von Jakutsk und Tuwa). Geringere Vorkommen werden in Kasachstan und Polen (Jordanow), Deutschland, der Schweiz, in Italien und Irland verzeichnet.

Erzeugnisse aus Nephrit liegen in zahlreichen Schatzkammern. Bekannt ist der Nephritgrabstein Tamerlans im Mausoleum Gur-Emír in Samarkand (Usbekistan).

Berabeitung: Cabochons, Tafelschliff, kleine, mittlere und große Glypten, Galanteriegegenstände.

Ähnliche Mineralien: Hydrogrossular, Amazonit, Prehnit, Serpentin, Agalmatolith, Jadeit.

Imitationen: Hydrogrossular, Kalifornischer Jadeit (Vesuvian), Bowenit, Koreanischer Jadeit (Serpentin).

Identifikation: Härte, Dichte, optisch.

Empfehlung: Reinigung ohne Probleme; kann durch Flammen Schaden erleiden.

Nephrit-Anschliff, Neuseeland.

FELDSPÄTE
Kalifeldspäte

$K[AlSi_3O_8]$

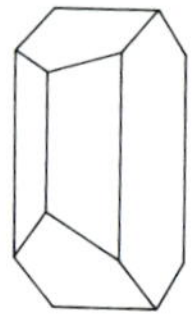

Der Name sagt, daß das verwitterte Mineral dem Boden (Feld) Nährstoffe zuführt.

Geschichte: Feldspäte sind wichtige gesteinsbildende Minerale. Amazonit ist schon seit der Zeit der ägyptischen Pharaonen als Edelstein bekannt (Amulette aus dem 14. Jahrhundert v. Chr.). Feldspäte waren auch im Nahen Osten beliebt. Kalifeldspäte sind als Schmucksteine unter den Sammlern erst in neuerer Zeit bekannt. Adular (eine Varietät des Orthoklas) soll helfen, Gefühle zu verändern und auszugleichen, er soll das Unterbewußtsein überwachen und vor eigenen Emotionen schützen.
Astrologie: Er ist der Stein der im Sternbild der „Waage" Geborenen.
Chakra: Herz (Amazonit), Kehle (Mondstein).
Wirkung auf den Körper: Mondstein heilt Frauenleiden und hilft bei Stimmbandstörungen. Amazonit kräftigt das Herz.
Pflege der Steine: Mit lauwarmem Wasser entladen, im Sonnenlicht aufladen.
Genese: Magmatite, Metamorphite, Pegmatite, hydrothermal, Seifen.
Vorkommen: Orthoklas-Katzenauge ist von Sri Lanka, aus Birma, von Taiwan und aus Thailand bekannt. Hochwertige Steine finden sich auch in Alaska (USA), Mexiko, auf Grönland (große, gelbe, durchsichtige Kristalle), auf Madagaskar und in Kenia (goldgelb). In den Alpenländern treten durchsichtige Adulare auf. Sonnenstein mit rötlichen Reflexen, die von fein verteiltem Hämatit oder Goethit verursacht werden (es kann sich um Orthoklas oder um Plagioklas handeln), kommt in Indien, in den USA (Virginia und Colorado) und in Rußland (Ural) vor. Bläulich irisierender Mondstein (Orthoklas, Mikroklin, Sanidin oder Plagioklas) stammt aus Sri Lanka, Birma, Indien, Austra-

Farbe: Farblos (Adular), gelb, rötlich (Sonnenstein), grün (Amazonit), bläulich (Mondstein) • **Transparenz:** Durchsichtig, durchscheinend, undurchsichtig • **Glanz:** Glasglanz, Perlmutterglanz • **Bruch:** Uneben, muschelig, splittrig • **Spaltbarkeit:** (010) höchst vollkommen • **Härte:** 6–6,5 • **Strichfarbe:** Weiß • **Dichte:** 2,54–2,63 • **Brechungsindex:** N_p, N_m, N_g: Orthoklas 1,520–1,528, 1,524–1,533, 1,525–1,537; Mikroklin 1,514 bis 1,529, 1,518–1,533, 1,521–1,539; Sanidin 1,518–1,527, 1,522–1,534, 1,522–1,534 • **Doppelbrechung:** 0,004–0,010 • **Dispersion:** 0,012 (Orthoklas) • **Pleochroismus:** Schwach oder keiner • **Lumineszenz:** Schwach gelb, weiß, grün, bläulich • **Chemismus:** Färbung durch Beimischungen von Fe^{2+} • **Besondere Merkmale:** Katzenaugeneffekt, Asterismus, Irisieren (Sonnen- und Mondstein) • **Veredelung:** Bestrahlung, Imprägnieren mit Wachs.

Orthoklase mit Brillantschliff, 23 ct. Madagaskar.

Geschliffene Adulare, größter Stein 25 ct. Sri Lanka.

Druse mit Amazonit- und Albitkristallen, Breite 180 mm. Crystal Park, Colorado, USA.

lien, Madagaskar oder Rußland. Amazonit (eine Varietät des Mikroklins) wird am längsten als Edelstein bearbeitet und vor allem in den USA (Colorado), Rußland (Halbinsel Kola, Ural), Indien, der Ukraine (Wolodarsk) und in Brasilien gefördert. Edelstein-Sandine sind aus Sri Lanka (Sandin-Mondstein), aus den USA und Brasilien bekannt. Rauchfarbene Steine kommen aus Kenia.

Amazonit-Anschliff, Halbinsel Kola, Rußland.

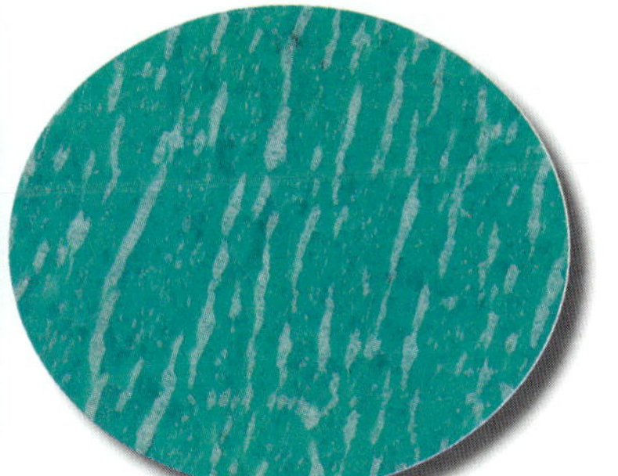

Aus Amazoniten wurden in Ägypten schon in früher Zeit Amulette hergestellt. In Petersburg ist eine Vase mit einer Höhe von 22,5 cm und einem Durchmesser von 14 cm aufbewahrt. In der Smithsonian Institution in Washington befinden sich ein gelber Orthoklas aus Madagaskar mit einem Gewicht von 249,6 ct, ein grünes Orthoklas-Katzenauge aus Sri Lanka mit 104,5 ct und ein asterischer Orthoklas mit weißem Stern aus Sri Lanka, der 22,7 ct wiegt. Die Kalifeldspäte haben meist nur für Sammler Bedeutung.

Bearbeitung: Facettenschliff, Cabochons, kleine Glypten.

Ähnliche Mineralien: Citrin und Plagioklase, Chalcedon.

Imitationen: Avanturinglas, synthetischer Spinell.

Identifikation: Härte, Dichte, optisch.

Empfehlung: Mit Seifenwasser reinigen, weder Ultraschall noch Dampf verwenden. Das Mineral ist spröde, es ertägt keine heftigen Temperaturschwankungen.

6

FELDSPÄTE
Kalknatronfeldspäte

$Na[AlSi_3O_8] – Ca[Al_2Si_2O_8]$

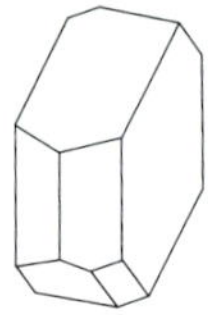

Der Name sagt, daß das verwitterte Mineral dem Boden (Feld) Nährstoffe zuführt.

Geschichte: Seit alters her werden Labradorite zu Ziergegenständen verarbeitet, die übrigen Steine haben erst in der neueren Zeit Interesse gefunden und besitzen lediglich als Sammelobjekte Bedeutung. Synonym ist „Plagioklase".

Astrologie: Die einzelnen Varietäten haben unterschiedliche Wirkung.

Chakra: Vor allem Nabel, ansonsten unterschiedliche Wirkung der einzelnen Varietäten.

Wirkung auf den Körper: Entsprechend den einzelnen Arten verschieden.

Pflege der Steine: In lauwarmem Wasser entladen, im Sonnenlicht aufladen.

Genese: Magmatite, Pegmatite.

Vorkommen: Schöne Albite sind aus Birma, den USA (Virginia, Mondstein), Madagaskar, Österreich und der Schweiz bekannt, Oligoklase mit Edelsteinqualität unter anderem aus Rußland (Ural), Norwegen (Sonnensteine), den USA und Kenia. Andesine findet man in den USA (Kalifornien und Utah), auf Grönland, in Argentinien und in der Republik Süd-

Farbe: Farblos, grauweiß, bläulich (Mondstein, Labradorit), grün, goldgelb (Sonnenstein), rötlich (Spektrolith, Varietät des Labradorits) • **Transparenz:** Durchsichtig, durchscheinend, undurchsichtig • **Glanz:** Glasglanz, Perlmutterglanz • **Bruch:** Uneben, muschelig • **Spaltbarkeit:** Nach (001) und (010) vollkommen • **Härte:** 6–6,5, spröde • **Strichfarbe:** Weiß • **Dichte:** 2,57–2,77 • **Brechungsindex:** N_p, N_m, N_g • **Doppelbrechung:** Albit 1,528, 1,531, 1,538 / 0,011; Oligoklas 1,529–1,542, 1,543–1,546, 1,547 bis 1,549 / 0,007; Andesin 1,543, 1,548, 1,551 / 0,008; Labradorit 1,560, 1,563, 1,568–1,572 / 0,012; Bytownit 1,561–1,567, 1,565–1,572, 1,570–1,576 / 0,009; Anorthit 1,576–1,577, 1,583–1,585, 1,589–1,590 / 0,013 • **Dispersion:** 0,012 • **Pleochroismus:** Fehlt oder nur schwach (Anorthit), einige Labradorite • **Lumineszenz:** Manchmal weiß, grünlich • **Chemismus:** Zahlreiche Beimischungen verursachen verschiedene Farben • **Besondere Merkmale:** Irisieren (Mond- und Sonnenstein), Labradorisieren, Katzenaugen- (aus Grönland) oder Pfauenaugeneffekt (aus Indien), auch Avanturisieren (einige Labradorite) • **Veredelung:** Unterlegen mit dunkler Farbe betont die Eigenfarbe.

Bunte Skala von Labradoriten, größter Stein 10 ct. Oregon, USA.

Labradorit-Anschliff, „Spektrolith", Aufnahmebreite 85 mm. Finnland. Beispiel für das Labradorisieren.

afrika. Stark verbreitet ist die Förderung von Labradoriten. Besonders bekannt ist sie aus Kanada, den USA, Mexiko, Australien und Madagaskar. Aus Finnland sind Labradorite mit vielfarbigen (auch roten) Effekten bekannt („Spektrolithe"). Transparente Labradorite liefert Mexiko (Sonora). Bytownite kommen in Japan, den USA (New Mexico, durchsichtige rote Steine), in Kanada und Rußland vor, Anorthite unter anderem in Indien, Japan, den USA (Colorado), Grönland, Finnland und Griechenland.

Geschliffener Feldspat mit Hämatitinklusionen, „Sonnenstein", 3,64 ct. Kyschtym, Ural, Rußland.

In den Sammlungen weltbekannter Museen befinden sich geschliffene Albite von 3 ct (mit Katzenaugeneffekt bis zu 10 ct), geschliffene Labradorite von 100 ct sind selten, geläufiger sind Gewichte von 10–20 ct, von den übrigen Plagioklasen erreichen geschliffene Steine nur um 3–5 ct.

Bearbeitung: Facettenschliff, Cabochons, kleine Glypten, Galanteriegegenstände.

Ähnliche Mineralien: Orthoklas, Bronzit, Enstatit, Amblygonit.

Imitationen: Avanturinglas.

Identifikation: Härte, Dichte, optisch.

Empfehlung: Mechanische Beschädigung ist zu vermeiden, denn die Steine sind spröde. Sie sind auch empfindlich gegenüber heftigen Temperaturschwankungen und zeigen dann Risse und Sprünge. Sie reagieren mit Säuren.

MARKASIT

FeS_2

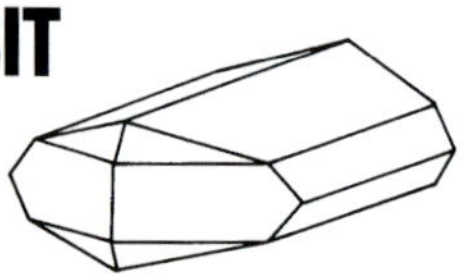

Die Benennung geht aus dem arabischen Wort „makraschit" hervor, der ursprünglichen Bezeichnung für Pyrit und ähnliche Mineralien.

Farbe: Messinggelb mit grünlicher Schattierung, oft treten Anlauffarben auf • **Transparenz:** Undurchsichtig • **Glanz:** Metallglanz • **Bruch:** Uneben • **Spaltbarkeit:** (110) undeutlich • **Härte:** 6–6,5 • **Strichfarbe:** Grünlich, schwarzgrau • **Dichte:** 1,8–4,9 • **Brechungsindex:** Keiner • **Dispersion:** Keine • **Pleochroismus:** Fehlt • **Lumineszenz:** Keine • **Besondere Merkmale:** Keine • **Veredelung:** Nicht bekannt.

Geschichte: Wird nur sehr selten als Edelstein verarbeitet, war im Mittelalter vor allem in Frankreich beliebt, wo er überwiegend für volkstümlichen Schmuck Verwendung fand. Jetzt werden vor allem in Thailand kleine geschliffene Markasite in Silber gefaßt.
Chakra: Kehle.
Wirkung auf den Körper: Quelle positiver Energie.
Pflege des Steins: Im Sonnenlicht aufladen.
Genese: Hydrothermal, postvulkanisch, hypergen und Sedimente.
Vorkommen: Markasit ist von vielen Lokalitäten in den USA (vor allem in Illinois), Chile, Mexiko, Japan, Rußland, Armenien und Grusinien her bekannt. Er kommt auch in Frankreich, Deutschland, Rumänien, Pakistan und Afghanistan vor. In der Tschechischen Republik wurden herrliche Drusen im Riesengebirgsvorland (Vintířov) gefunden, sie sind aber nicht zur Herstellung geschliffener Steine geeignet.
Bearbeitung: Facettenschliff, selten Cabochons, manchmal auch in den Naturformen.
Ähnliche Mineralien: Pyrit.
Imitationen: Pyrit.
Identifikation: Dichte.
Empfehlung: Wärme- und schweißempfindlich, in der Flamme wird Schwefeloxid frei, korrodiert an der Oberfläche.

Markasitkristalldruse, Höhe 66 mm. Vintířov, Tschechische Republik.

PYRIT

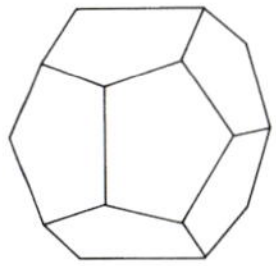

FeS_2

Benennung nach dem griechischen Wort „pyrites" – funkensprühend (weil er beim Anschlagen Funken sprüht).

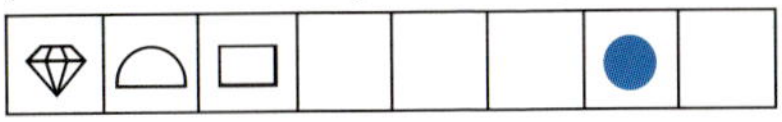

Geschichte: Wird schon seit dem Altertum als Edelstein bearbeitet, hat aber als solcher keine größere Bedeutung. Schmuck aus Pyrit war auch bei den Ägyptern beliebt und in der Mitte des 18. Jahrhunderts ebenfalls in Frankreich, zur Zeit Königin Viktorias dann in England.
Chakra: Kehle.
Wirkung auf den Körper: Quelle positiver Energie.
Pflege des Steins: Im Sonnenlicht aufladen.
Genese: Magmatite, Metamorphite, hydrothermal und Sedimente.
Vorkommen: Pyrit ist eines der am meisten verbreiteten Minerale. In guter Qualität kommt er in Indien und Japan vor. Schöne Proben stammen aus den USA, nämlich aus Tennessee, Colorado, Utah (bis zu 12 cm große Kristalle) und Pennsylvania. Pyrit lagert auch in Bolivien, Peru, Mexiko, Kanada und Australien. Große Kristalle wurden in Uganda (bis zu 10 cm), in Rußland (Dalnegorsk, Kristalle bis zu 50 cm), Kasachstan und Usbekistan gefunden. In Europa tritt Pyrit in Schweden, Norwegen, Griechenland (bei Xanthé Kristalle bis zu 50 cm), Spanien, Deutschland und Italien auf (auf der Insel Elba Kristalle bis zu 20 cm).

Farbe: Goldgelb, oft Anlauffarben • **Transparenz:** Undurchsichtig • **Glanz:** Metallglanz • **Bruch:** Uneben, muschelig • **Spaltbarkeit:** (100) und (110) undeutlich • **Härte:** 6–6,5, spröde • **Strichfarbe:** Schwarz • **Dichte:** 5,0–5,03 • **Brechungsindex:** Keiner • **Dispersion:** Keine • **Pleochroismus:** Fehlt • **Lumineszenz:** Keine • **Besondere Merkmale:** Keine • **Veredelung:** Nicht bekannt.

Pyritisierter Ammonit. Litmanová, Slowakei.

Bearbeitung: Facettenschliff, Cabochons, Tafeln und Naturformen.
Ähnliche Mineralien: Markasit.
Imitationen: Keine.
Identifikation: Dichte.
Empfehlung: Ist gegenüber Temperaturschwankungen empfindlich, reagiert mit Säuren.

Verwachsungen von Pyritkristallen, Würfel bis zu 50 mm. Navajún, Spanien.

HÄMATIT

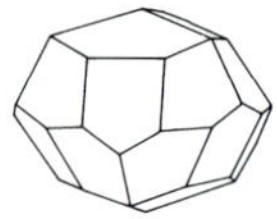

Fe_2O_3

Benennung
nach griechisch „haema" – Blut.

Geschichte: Obwohl Hämatit seit der Zeit der Babylonier und Ägypter bekannt ist, wird er nur selten als Edelstein bearbeitet. Er war vor allem im Mittelalter beliebt. Man setzte ihn in Broschen ein, stellte aus ihm Siegelstöcke, Ringe, Armbänder, Glypten u.ä. her. Ihm wurde magische Kraft zugeschrieben, und er hatte in der Mythologie gewisse Bedeutung. Angeblich stillte er Blutungen, schenkte dem Körper Ruhe und Sicherheitsgefühl.

Astrologie: Skorpion.

Chakra: Elementarchakra.

Wirkung auf den Körper: Unterstützt die Zellbildung, schränkt Blutungen ein, heilt rheumatische Erkrankungen, wird bei Schlaflosigkeit empfohlen.

Farbe: Schwarzbraun, grauschwarz, schwarz • **Transparenz:** Selten durchscheinend, undurchsichtig • **Glanz:** Metallglanz, matt • **Bruch:** Muschelig, faserig • **Spaltbarkeit:** Keine, nur Teilbarkeit (Absonderung) • **Härte:** 5,0–6,5 (erdige Aggregate nur 1), spröde • **Strichfarbe:** Kirschrot • **Dichte:** 4,95–5,26 • **Brechungsindex:** N_e 2,94, N_o 3,22 • **Doppelbrechung:** 0,280 • **Dispersion:** Keine • **Pleochroismus:** Schwach, braunrot • **Lumineszenz:** Keine • **Besondere Merkmale:** Keine • **Veredelung:** Nicht bekannt.

Pflege des Steins: Im Wasser abspülen und kurz im Sonnenlicht aufladen.

Genese: Magmatite, Metamorphite, Sedimente, hydrothermal, Verwitterungszonen.

Vorkommen: Hämatit ist häufig, wird aber nur selten als Edelstein bearbeitet. In den USA tritt er in Edelsteinqualität in Arizona, Alaska und Minnesota auf. Er kommt auch in Brasilien (Mato

Moderner Hämatitschmuck.

Nierenaggregat des Hämatits, „Schädelstein", Breite 80 mm.

Grosso), Venezuela, Kanada. Chile und auf Kuba vor. Bedeutende Lagerstätten befinden sich in Australien (Middleback Range) und auf Neuseeland. Bis zu 6 cm große Tafelkristalle stammen aus Japan (Okajama). Rußland (Umgebung von Kursk), die Ukraine (Krowoi Rog) und Kasachstan besitzen ebenfalls Hämatit. Schönes und wertvolles Material findet man in England (die Nierenaggregate von Cumberland sind bis zu 25 kg schwer). Des weiteren kommt Hämatit in Deutschland, der Schweiz („Alpenrose"), in Österreich, Italien (schöne Kristalle auf der Insel Elba), in der Tschechischen Republik (Lokalitäten Hradiště, Horní Blatná), in Spanien und in Frankreich vor (bis zu 10 cm große Kristalle bei Puy-de-Dome).

Bearbeitung: Facettenschliff, Cabochons, Korallen, Tafelschliff, kleine und mittelgroße Glypten, plastischer Schliff.

Ähnliche Mineralien: Kassiterit, Goethit, Psilomelan.

Imitationen: Gepreßte Hämatitbruchstücke, synthetischer Hämatit.

Identifikation: Härte, Dichte, optisch.

Empfehlung: Reinigung ohne Probleme; spröde, daher Möglichkeit der mechanischen Beschädigung; reagiert auf HCl.

Hämatit-Anschliff mit Jaspis (Jaspilit), Australien.

SUGILITH

$(K,Na)(H_2O,Na)_2(Fe+Na,Ti,Fe)_2(Li,Al,Fe)[Si_{12}O_{30}]$

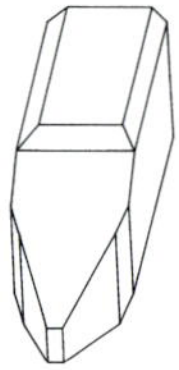

Benennung nach K. Sugi, Japan.

Geschichte: Dieser Edelstein wird erst wenige Jahrzehnte auf dem Markt angeboten.
Chakra: Scheitel.
Wirkung auf den Körper: Beeinflußt das Denken positiv und wirkt günstig auf Leber und Galle.
Pflege des Steins: In lauwarmem Wasser abspülen, kurz im Sonnenlicht aufladen.
Genese: Magmatite (basische Gesteine).
Vorkommen: Sugilith ist in der Natur sehr selten. Er kommt zusammen mit Albit, Egirin und Pektolith vor und wurde erstmals auf der Insel Iwagi in Japan gefunden. Später entdeckte man schöne violette Sugilithe auch in Namibia und in der Republik Südafrika (Kap-Provinz, Lokalität Mine). Er tritt auch in Indien auf (Madhya Pradesch). Auf dem Markt erscheint er oft unter der Bezeichnung „Royal Azel", die facettierten Steine übersteigen in der Regel das Gewicht einiger Karate nicht. Der größte, fast durchsichtige, geschliffene Stein mit einem Gewicht von 23,5 ct befindet sich in den Sammlungen der Smithsonian Institution in Washington.

Intarsienkästchen aus Sugilith, Türkis und Azurit mit Gold und Diamanten. Hergestellt von Jim Kaufman, USA.

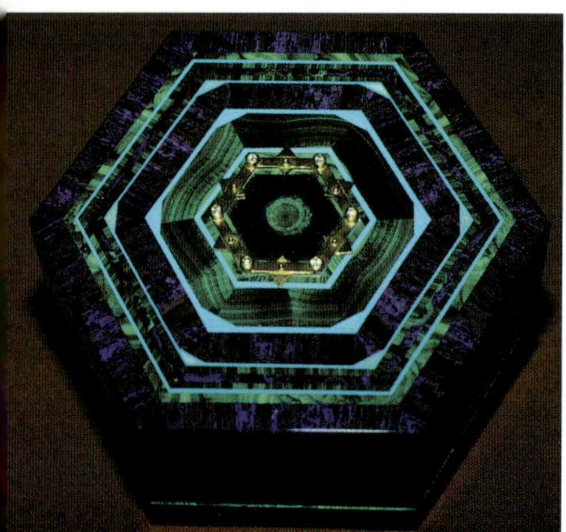

Farbe: Blauviolett, rotviolett, braungelb, grünlich • **Transparenz:** Durchsichtig bis undurchsichtig • **Glanz:** Glasglanz • **Bruch:** Uneben, muschelig • **Spaltbarkeit:** (0001), unvollkommen • **Härte:** 6–6,5 • **Strichfarbe:** Weiß • **Dichte:** 2,74 • **Brechungsindex:** N_e 1,607, N_o 1,610 • **Doppelbrechung:** 0,003–0,005 • **Dispersion:** Keine • **Pleochroismus:** Fehlt • **Lumineszenz:** Keine • **Chemismus:** Farbe verursacht durch Beimischungen von Mn • **Besondere Merkmale:** Keine • **Veredelung:** Nicht bekannt.

Sugilith-Anschliff, Namibia.

Bearbeitung: Cabochons, Facettenschliff, kleine Glypten.
Ähnliche Mineralien: Tscharoit, Stichtit.
Imitationen: Sind nicht bekannt.
Identifikation: Härte, Dichte, optisch.
Empfehlung: Mit Seifenwasser reinigen, Ultraschall und Dampf sind riskant, mechanische Beschädigungen sind zu vermeiden. Reagiert mit Schwefelwasserstoffsäure.

TSCHAROIT

$K(Ca,Na_2)_2[(OH, F)(Si_4O_{10})]\cdot 7H_2O$

Benennung nach dem Fundort (Tschara, Fluß in Sibirien).

Geschichte: Der Tscharoit wird erst seit dem Ende der fünfziger Jahre unseres Jahrhunderts als Schmuckstein bearbeitet.
Genese: Magmatite (basische Gesteine).
Vorkommen: Bis jetzt ist weltweit nur ein einziger Fundort von Tscharoit mit Edelsteinqualität bekannt. Er liegt im Murmunski-Massiv im Raum von Jakutsk und erstreckt sich über eine Fläche von ca. 10 km^2. Tscharoite bilden hier in den Syeniten ader- und linsenförmige Körper. Sie werden durch verschiedene Gesteinstexturen charakterisiert. Besonders beliebt sind Tscharoite mit faseriger, radial-strahliger Textur mit Seidenglanz. Seltener tritt auch Perlmutterglanz auf. Die Gesteine weisen fast monomineralische Zusammensetzung auf; 90 % bestehen aus Tscharoit, der Rest sind unter anderem dunkelgrüne Egirinnadeln, gelber Tinaksit und grünweißer Nephelin.
Bearbeitung: Cabochons, kleine und mittelgroße Glypten.
Ähnliche Mineralien: Sugilith.
Imitationen: Sind nicht bekannt.
Identifikation: Härte, Dichte, optisch.
Empfehlung: Mechanische Beschädigung ist zu vermeiden.

Tscharoit, Tschara, Rußland.

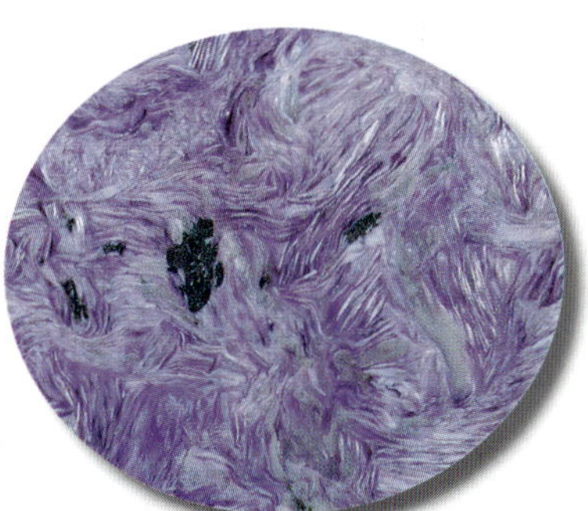

Farbe: Hell- bis dunkelviolett, manchmal blauviolett • **Transparenz:** Durchscheinend, undurchsichtig • **Glanz:** Glasglanz, Seidenglanz • **Bruch:** Uneben • **Spaltbarkeit:** (001) höchst vollkommen • **Härte:** 5–6 • **Strichfarbe:** Weiß • **Dichte:** 2,54–2,68 • **Brechungsindex:** N_p 1,550, N_m 1,553, N_g 1,559 • **Doppelbrechung:** 0,009 • **Dispersion:** Keine • **Pleochroismus:** Deutlich, rosa bis farblos • **Lumineszenz:** Keine • **Chemismus:** Beimischungen von Ba, Sr • **Besondere Merkmale:** Katzenaugeneffekt • **Veredelung:** Nicht bekannt.

Vase aus Tscharoit, Höhe 300 mm. Moderne russische Arbeit.

DIOPSID

$CaMg[Si_2O_6]$

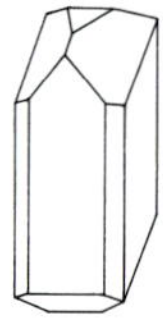

Benennung von griechisch „dis" – doppelt, und „opsis" – Ansicht.

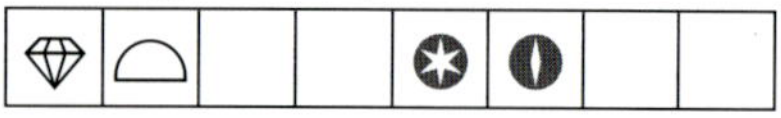

Geschichte: Ein wichtiges gesteinsbildendes Mineral, aber nur selten Edelstein.
Genese: Magmatite, Metamorphite, Seifen.
Vorkommen: In der Edelsteinqualität kommt Diopsid auf Sri Lanka (Balangoda und Ratnapura), in Birma (gelbe und grüne Steine mit Katzenaugeneffekt) und Indien (schwarze Steine mit Asterismus) vor. Diopsid tritt auch in Pakistan (Hunza, auch mit Katzenaugeneffekt), Iran, den USA (Connecticut, New York, Kalifornien und Illinois), seltener in Kanada, mit schöner Edelsteinqualität in Brasilien und als grüne Kristalle mit Katzenaugeneffekt in Australien und Kenia (Kwale) auf. In Rußland kommen Diopside im Ural und im Baikalgebiet vor, des weiteren werden sie in Usbekistan, Italien, Österreich (weiße Steine mit Katzenaugeneffekt), Schweden und Finnland gefunden. Sehr schöne Diopside von Edelsteinqualität werden in jüngerer Zeit aus Tansania (Merelani Hills) gemeldet.
In der Smithsonian Institution in Washington befinden sich prächtige asterische schwarze Diopside von 133 ct aus Indien. Dort werden ebenfalls Steine mit Katzenaugeneffekt von 24,1 ct, ein grüner Stein aus Madagaskar von 19,2 ct und ein gelber aus Italien von 6,8 ct aufbewahrt.
Bearbeitung: Facettenschliff, Cabochons.
Ähnliche Mineralien: Hiddenit, Olivin, Vesuvian.
Imitationen: Sind nicht bekannt.
Identifikation: Härte, Dichte, optisch.
Empfehlung: Spröde, Vorsicht vor mechanischer Beschädigung. Reinigung mit Seifenwasser, weder Ultraschall noch Dampf verwenden.

Farbe: Gelb, grün bis smaragdgrün (Chromdiopsid), grünschwarz, grau, farblos, auch weiß, violett (Violan), braun, selten blau • **Transparenz:** Durchsichtig, durchscheinend • **Glanz:** Glasglanz, Fettglanz • **Bruch:** Uneben, muschelig • **Spaltbarkeit:** (110) gut • **Härte:** 5,5–6,5, spröde • **Strichfarbe:** Weiß • **Dichte:** 3,22–3,31 • **Brechungsindex:** N_p 1,664–1,695, N_m 1,672–1,701, N_g 1,695 bis 1,721 • **Doppelbrechung:** 0,024–0,035 • **Dispersion:** Keine • **Pleochroismus:** Fehlt oder sehr schwach, graugrün, gelbgrün, hellgrün • **Lumineszenz:** Manchmal grünweiß, cremefarben, blau • **Chemismus:** Die Farbe entsteht durch Beimischungen von Cr^{3+}, Fe^{2+} und Fe^{3+} • **Besondere Merkmale:** Asterismus, Katzenaugeneffekt • **Veredelung:** Ist nicht bekannt.

Diopside von verschiedenen Fundorten, größter geschliffener Stein 11 ct. Kristall vom Fundort Sludjanka, Rußland.

Asterische Diopside, größter Stein 20 ct. Indien.

CHROMDIOPSID

(Varietät des Diopsids)

$CaMg[Si_2O_6]$

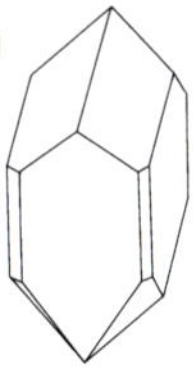

Benennung nach Chrombeimischungen im Diopsid.

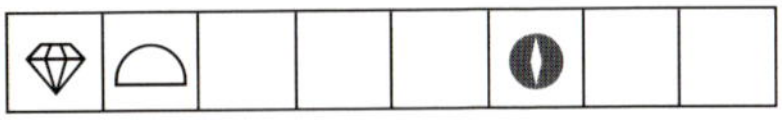

Farbe: Smaragdgrün • **Transparenz:** Durchsichtig, durchscheinend • **Glanz:** Glasglanz, Fettglanz • **Bruch:** Uneben, muschelig • **Spaltbarkeit:** (110) gut • **Härte:** 5,5–6,5, spröde • **Strichfarbe:** Weiß • **Dichte:** 3,17 bis 3,32 • **Brechungsindex:** N_p 1,669–1,674, N_m 1,680, N_g 1,698–1,702 • **Doppelbrechung:** 0,028 • **Dispersion:** Keine • **Pleochroismus:** Erkennbar • **Lumineszenz:** Manchmal grünweiß, cremefarben, blau • **Chemismus:** Die Farbe wird durch Beimischungen von Cr verursacht • **Besondere Merkmale:** Selten Katzenaugeneffekt • **Veredelung:** Ist nicht bekannt.

Geschichte: Wird erst seit kurzem verwendet, erlangt ständig größere Beliebheit.
Genese: Magmatite, Metamorphite.
Vorkommen: Chromdiopsid tritt in ultrabasischen Gesteinen auf und bildet manchmal bis 10 cm große Kristalle. Einige der schönsten Chromdiopside stammen aus dem basischen Inagli-Massiv in Sibirien (Rußland) und werden fälschlicherweise „Sibirische Smaragde" genannt. Kleinere Vorkommen sind auch aus dem Ural bekannt. Auf dem amerikanischen Kontinent treten die Steine in Kuba, Mexiko und Brasilien (Malacacheta) auf. Weitere Lagerstätten befinden sich in Kenia (Kwale), auf Madagaskar, Neuseeland, in Australien und Japan (Akita). In Europa werden Chromdiopside in Finnland (Outokumpu) und in geringerer Menge in Rumänien gefunden.
Bearbeitung: Facettenschliff, Cabochons, Miniaturglypten.
Ähnliche Mineralien: Demantoid, Smaragd, Uwarowit.
Imitationen: Glas.
Identifikation: Härte, Dichte, optisch.
Empfehlung: Vorsicht vor mechanischer Beschädigung. Mit Seifenwasser reinigen.

Chromdiopsid, geschliffene Steine, 4 ct. Inagli, Rußland.

RHODONIT

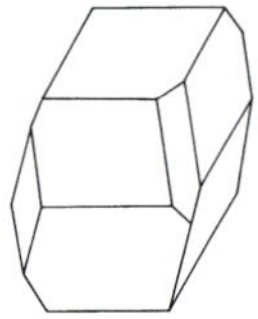

$CaMn_4 [Si_5O_{15}]$

Benennung nach griechisch „rhodos" – rosa.

Farbe: Rosa, fleischrot, himbeerrot, rotbraun rot und schwarz; die Farbe ist unbeständig, sie dunkelt mit der Zeit nach, sie enthält schwarze Adern aus Manganoxid • **Transparenz:** Durchsichtig bis undurchsichtig • **Glanz:** Glasglanz, an den Spaltflächen Perlmutterglanz • **Bruch:** Uneben • **Spaltbarkeit:** (001) und (100) vollkommen • **Härte:** 5,5–6,5, spröde • **Strichfarbe**: Weiß • **Dichte:** 3,57–3,68 • **Brechungsindex:** N_p 1,711–1,738, N_m 1,716–1,741, N_p 1,724 bis 1,751 • **Doppelbrechung:** 0,011–0,014 • **Dispersion:** Keine • **Pleochroismus:** Schwach bis deutlich, orangerosa • **Lumineszenz:** Manchmal dunkelrot, rosa • **Chemismus:** Farbe entsteht durch Beimischungen von Mg, Al und Fe^{2+} • **Besondere Merkmale:** Häufig Mangandedrite • **Veredelung:** Nicht bekannt.

Geschichte: Seit alters her wurde dem Rhodonit magische Kraft zugeschrieben. Man stellte aus ihm Schmuckgegenstände, Vasen und Sarkophage her. Im 16. Jahrhundert wurde er als Stein des Glücks und der Freude angesehen, er erheiterte das Herz, stärkte das Gemüt, festigte das Ehrgefühl und hellte das Gedächtnis auf.
Astrologie: Widder.
Chakra: Herz.
Wirkung auf den Körper: Beeinflußt seelische Vorgänge, wirkt günstig bei der Heilung von Gefäßerkrankungen.
Pflege des Steins: In nichtaggressivem Wasser abspülen und kurz im Sonnenlicht aufladen.
Genese: Metamorphite, hydrothermal.
Vorkommen: Ein bedeutender Produzent sind die USA, vor allem das Gebiet von Franklin in New Jersey. Von dort sind auch klare Kristalle bekannt. Ebenso tritt Rhodonit in Kalifornien, Montana und Alaska auf, in Kanada, Brasilien (Ouro Preto und Minas Gerais) und Mexiko. Sehr schöne Kristalle stammen aus Peru (Huanzala). In Australien wurden bei Broken Hill durschsichtige, bis zu 10 cm große Kristalle gefunden, die den Rohstoff für facettierte Steine ergaben und nur einige Karat wogen. Andere Vorkommen befinden sich in Japan (Honschu), Indonesien und Indien. Tansania (Mwenbe), Madagaskar, die Republik Südafrika und Algerien liefern schöne rote Kristalle. Be-

Rhodonitkristalle, Breite 80 mm.

Schmuckgegenstände aus Rhodonit. Das Kästchen ist eine moderne russische Arbeit, Breite 110 mm.

deutende Lagerstätten werden schon seit dem 18. Jahrhundert in Rußland abgebaut. Bekannt ist dafür der Ural, wo die Rhodonitmonolithe bis zu 40 t Gewicht erreichten. In Kasachstan, Usbekistan und der Ukraine liegen ebenfalls Fundgebiete.
Edelstein-Rhodonite kommen auch in Schweden (Pajsberg und Långban), Spanien, in kleinerem Ausmaß in der Slowakei, in der Tschechischen Republik (bei Chvaletice), Deutschland, Italien, Rumänien und Frankreich vor.
Schmuckgegenstände aus Rhodonit sind heute der Stolz vieler Museen und Schatzkammern. Die Eremitage in Petersburg besitzt eine riesige Rhodonitschale von 88 cm Höhe und 185 cm Breite aus dem Jahr 1867. Für die Gemahlin des russischen Zaren Alexanders II. wurde 1905 ein Sarkophag angefertigt, der 7 t wiegt. Aus dieser Zeit stammen auch herrliche Leuchter, Vasen, Lampen, Briefbeschwerer, Schalen, Pokale, Aschenbecher und dergleichen. Mit Rhodonit wurden auch die Station Majakowski der Moskauer Untergrundbahn und der Kongreßsaal im Kreml verkleidet. Rhodonite, die sich für Facettenschliff eignen, sind sehr selten, und ihr Gewicht beträgt nur um 2–3 Karat.

Bearbeitung: Facettenschliff, Cabochons, Ziergegenstände, kleine bis große Glypten, Galanterieartikel, Wandverkleidungen.
Ähnliche Mineralien: Rhodochrosit, Thulit.
Imitationen: Sind nicht bekannt.
Identifikation: Dichte, Härte, optisch.
Empfehlung: Reinigung ohne Probleme. Facettierte Steine sind gegenüber Wärme und mechanischer Beschädigungen empfindlich; im Feuer zerfällt Rhodonit.

Rhodonit, Male Sedelnikowo, Rußland.

OPAL

$SiO_2 \cdot nH_2O$

Name nach dem altindischen Wort „upala" – edler Stein.

Geschichte: Der Opal wird schon seit alters her als Edelstein bearbeitet. Am Anfang diente er zur Herstellung primitiver Werkzeuge, später dann zur Anfertigung von Zier- und Schmuckgegenständen. Schon die Assyrer, Babylonier und Römer verwendeten ihn. Der Edelopal gehörte immer zu den geheimnisvollen Steinen. Traditionell galt er als Stein, der Unglück bringt, vor allem Menschen, die seine Reinigung nicht richtig ausführen. Der Edelopal, den Plinius beschreibt, stammt aus den Lagerstätten von Dubník in der Slowakei, die schon damals abgebaut wurden. Ihm wurde magische Kraft zugeschrieben. Er half gegen Melancholie, beruhigte die Nerven, heilte das Herz, schützte vor Sorgen, gab die Sehkraft zurück und verlieh dem Auge Glanz.
Astrologie: In Babylon war der Opal der Stein der im Sternbild des Steinbocks Geborenen.
Chakra: Scheitel.
Wirkung auf den Körper: Kräftigt das Herz, mildert Magen- und Darmbeschwerden.
Pflege des Steins: Mit Wasser abspülen, kurz im mäßigen Sonnenlicht aufladen.
Genese: Vulkanite, Verwitterungszonen, Sedimente.

Farbe: Fast alle Farbschattierungen, meistens braun, gelbbraun, braunschwarz (Varietät Gemeiner Opal), aber auch rot, braunrot (Fleischopal), grün, gelbgrün (Chloropal, Prasopal), farblos (Hyalit), weiß (Milchopal), orangerot. Einige Opale weisen ein buntes Farbenspiel auf (Edelopale), haben verschiedene Texturen und sind meist massiv, klumpig, schlierig, streifig (vor allem der Holzopal). Bei Verlust des gebundenen Wassers werden Opale trüb (Hydrophan). Die Farbe der Opale entsteht aber auch durch Inklusionen anderer Mineralien (z.B. beim Moosopal) • **Transparenz:** Durchsichtig bis undurchsichtig • **Glanz:** Glasglanz, matt, Perlmutterglanz • **Bruch:** Muschelig • **Spaltbarkeit:** Keine • **Härte:** 5,5–6,5 • **Strichfarbe:** Weiß, gelblich, bräunlich • **Dichte:** 1,98 bis 2,25, vom Hyalit zum Holzopal und Gemeinen Opal nimmt sie zu • **Brechungsindex:** N 1,44–1,47 (sinkt manchmal bis auf 1,37) • **Doppelbrechung:** Keine • **Dispersion:** Keine, oder sehr gering • **Pleochroismus:** Fehlt • **Lumineszenz:** Manchmal grünlich, gelblich oder keine • **Chemismus:** Die Farbe der Opale entsteht durch Beimischungen (Ni, Cr, Fe, Mn) oder Inklusionen anderer Mineralien • **Besondere Merkmale:** Opalisieren, Katzenaugeneffekt • **Veredelung:** Imprägnieren mit verschiedenen Farblösungen.

Knolle des Gemeinen Opals im Muttergestein, Nová Ves bei Oslavany, Tschechische Republik.

Gemeiner Opal, USA.

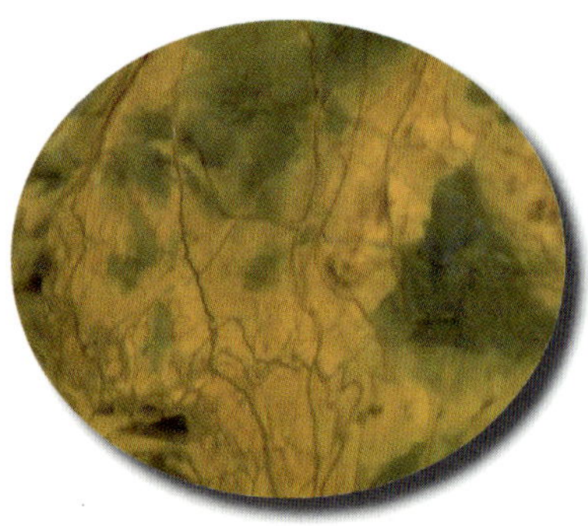

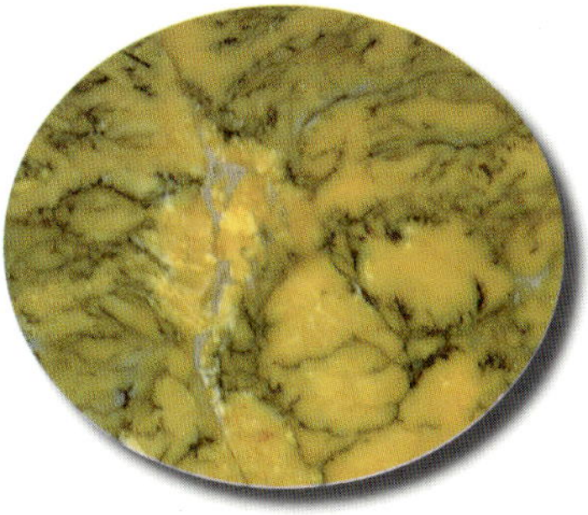

Dendritischer Opal, USA.

Dendritischer Opal, Křemže, Tschechische Republik.

Vorkommen: Opale kommen fast in allen Ländern der Welt vor. Edelopale und Holzopale findet man in Indien, der Mongolei, in Indonesien, im Irak, in Syrien und auch in Australien. Sehr attraktiv und von Sammlern begehrt sind Holzopale, die stellenweise versteinerte Wälder bilden. Am bekanntesten sind die Vorkommen in den USA, im Nationalpark National Petrified Forest (Arizona) mit bis zu 50 m langen und 3 m breiten Stämmen. Versteinertes Holz ist auch in Nevada, Wyoming, Colorado, Oregon und Washington zu sehen, in Mexiko (Hidalgo und San Juan Potosí), Argentinien (Patagonien), Brasilien, Ecuador (grünweiße

Holzopal, Lubietová, Slowakei.

Fleischopal, Herlany, Slowakei.

Nierenaggregat des Hyalits, Breite 35 mm. Valeč, Tschechische Republik.

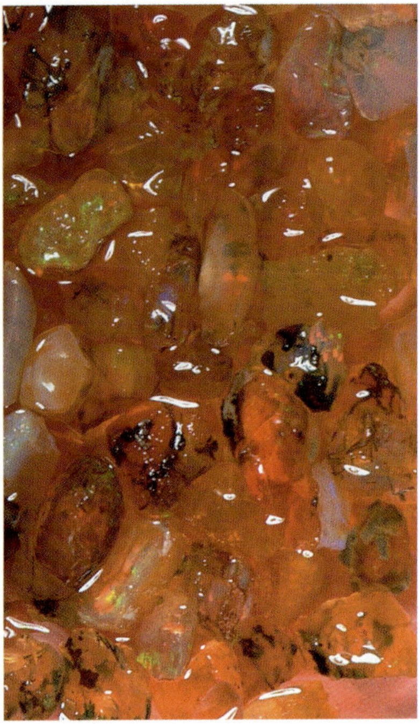

Opale) und in Peru. Umfangreiche Lagerstätten befinden sich unter anderem in Rußland, in Kirgisien, in der Ukraine, in Grusinien und Armenien. Hochwertige farbige Opale sind aus Ägypten und Uganda bekannt. In Europa sind Gemeine und Holzopale in großer Menge in der Slowakei (an mehr als 100 Lokalitäten), in der Tschechischen Republik, Ungarn, Rumänien, Mazedonien, Serbien, Polen, Irland, Frankreich und Bulgarien (versteinerter Wald an der Schwarzmeerküste) zu verzeichnen.

Oft treten an den gleichen Lokalitäten Moosopale (Indien, Nevada und Oregon, Rußland, Tschechische Republik) oder sogenannte „Fleischopale" zusammen mit den Gemeinen Opalen auf (Slowakei). Der Hyalit begleitet Edelopale fast immer, kommt aber stellenweise auch in Form selbständiger gesinterter traubenförmiger Aggregate vor (Tschechische Republik, Valeč; Japan, Takayama; USA, Oregon, Wyoming und Nevada; Mexiko, San Luis Potosí; Neuseeland; Färöer-Inseln). Prasopal ist unter anderem aus den USA (Nevada), aus Brasilien (Bahia), Australien (Tasmanien), Neukaledonien, Tansania und Polen bekannt.

Am begehrtesten und geschätztesten waren die Edelopale. Derzeit sind Edelopale aus Australien

Feueropal, Rollsteine 5 mm, Mexiko.

Edelopal 65,21 ct. Australien.

„Opal-Matrix", Breite 65 mm. Bull's Creek, Queensland, Australien.

berühmt. Von hier stammen 80–90 % der Weltproduktion. Sie kommen in den Verwitterungskrusten in den Staaten Queensland, Neusüdwales, Victoria, Süd- und Westaustralien vor. Eine der reichsten Lagerstätten ist Yowah in Queensland. Die Opale sind weiß mit bläulichem, grünlichem und rotem Farbenspiel. Große Konzentrationen werden in der Umgebung von Coober Pedy in Südaustralien verzeichnet. Hier befinden sich die

Edelopal-Dubletten, Größe 10 mm. Australien.

Opale auf einer Fläche von 180 km^2 als Adern und Nester in kaolinisierten Sanden, sie fossilisieren auch Fauna und Flora. Die Edelopale in der Umgebung von Andamooka lagern in Quarzsandsteinen und sind oft schwarz. Schwarze Opale, die grün, blau, gelb und rot opalisieren, findet man in Lightning Ridge in Neusüdwales. Edelopale kommen auch in Asien vor, z.B. in Indonesien auf der Insel Java und in Indien bei Hyderabad. Von größerer Bedeutung sind die Edelopale des amerikanischen Kontinents. In den USA sind sie aus Nevada bekannt (im Tal Virgin Valley füllen sie die Spalten in den Holzopalen und weisen ein rotes und orangerotes Farbenspiel auf). In Idaho entdeckte man in den Rhyolithen sogenannte „Sternopale". In Oregon haben die Opale gelbliches oder grünliches Farbenspiel, sind aber auch farblos. Opalisierende Holzopale treten ebenso in Wyoming (Yellowstone National Park) auf, kleinere Vorkommen in New Mexico, Washington und Texas.

Ein wichtiger Produzent von Edel- und Feueropalen ist Mexiko. Sie sind rot, bläulich, grünlich, selten auch schwarz. Ungefähr 150 Fundorte von Edel- und Feueropalen sind hier bekannt (in Querétaro, Hidalgo, Chihuahua und Jalisco). Aus

Goldene Brosche mit Edelopal, Rubinen und einer Perle. Arbeit der Juwelierschule in Turnov vom Anfang dieses Jahrhunderts, Tschechische Republik.

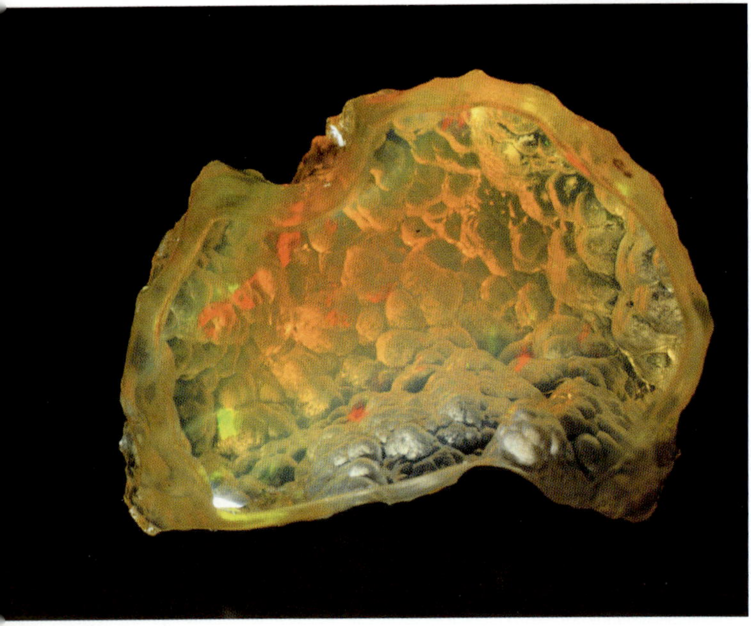

Feueropal, Breite 30 mm. Jalisco, Mexiko.

Goldenes Kollier mit Feueropalen und Achaten, Perlen und Diamanten. Eine Arbeit von Gilbert Albert, Genf, Schweiz.

Mexiko stammt auch die Varietät Giasol. Unlängst wurden Edelopale auch in Brasilien entdeckt (Piauí), und zwar in Sandsteinen aus dem Devon. Sie sind bläulich, grünlich, rot und orange. Aus Ceara sind Feueropale bekannt. Kleinere Vorkommen befinden sich in Honduras und Guatemala.

Auf dem afrikanischen Kontinent gibt es Edelopale in Simbabwe und in der Republik Südafrika. In Rußland gewinnt man sie auf der Tschuktschen-Halbinsel und auf Kamtschatka. Kleinere Lagerstätten hat die Ukraine. Feueropale treten in Kasachstan (Kara-Agac) auf. Weltweit und historisch am bekanntesten sind die Edelopale, die in der Slowakei bei Červenica-Dubník gefördert wurden. Sie sind weiß und haben ein vielfältiges Farbenspiel. Selten kommen hier auch schwarze Opale oder Feueropale vor.

Viele Opale wurden durch ihre unikate Farbe, Form oder Größe berühmt. Zu ihnen zählt der „Harlekin" mit einem Gewicht von 600 g. Er stammt von Červenica-Dubník (Slowakei) und gehört jetzt den Sammlungen des Naturhistorischen Museums in Wien an. Weltbekannt ist auch der Opal „Devonshire" mit einer Größe von 5 x 2,5 cm und dem Gewicht von 100 ct. Bekannt sind auch „Olympic Australis" mit 3,6 kg, „Light of the World" mit 512 g und „Roebling" aus den USA mit 608 g. Die Sammlungen der Smithsonian Institution in Washington beherbergen große geschliffene Edelopale (355 ct, schwarz, aus Nevada; 143,2 ct, orangefarben, aus Mexiko; Edelopale aus Australien von 345, 155 und 83 ct).

Bearbeitung: Facettenschliff, Cabochons, Dubletten, Tripletten, kleine und mittelgroße Glypten.

Ähnliche Mineralien: Achat, Hyazinth, Onyx, Chrysopras, Elfenbein, Howlith.

Imitationen: Synthetische Opale, Glas.

Identifikation: Härte, Dichte, optisch.

Empfehlung: Ist spröde und reagiert empfindlich auf heftige Temperaturschwankungen. Mit Seifenwasser reinigen, nie mit Ultraschall oder Dampf, unter Wärmeeinwirkung zerspringt er.

Goldener Ring mit Edelopal und rosafarbener Perle. Eine Arbeit von Karl Valter, Genf, Schweiz.

6

SODALITH

$Na_8[Cl_2(AlSiO_4)_6]$

Benennung nach der Zusammensetzung (Soda) und griechisch „lithos" – Stein.

Geschichte: Man schrieb ihm die Kraft zu, die Gedanken auf den Empfang innerer Betrachtungen und intuitiver Erkenntnisse vorzubereiten. Durch die Klärung des Gemüts sollte er zu tiefem Nachdenken beitragen und zu logischen Schlußfolgerungen führen. Er hat die Farbe des Nachthimmels.
Astrologie: Jungfrau, Schütze.
Chakra: Stirn.
Wirkung auf den Körper: Beruhigend, heilt hohen Blutdruck.
Pflege des Steins: In Wasser abspülen, im Sonnenlicht aufladen.

Farbe: Farblos, blau, grün, selten hellrosa (Hackmanit) • **Transparenz:** Durchsichtig bis durchscheinend und undurchsichtig • **Glanz:** Glasglanz, Fettglanz • **Bruch:** Muschelig, uneben • **Spaltbarkeit:** (110) höchst vollkommen • **Härte:** 5,5–6, spröde • **Strichfarbe:** Weiß, bläulich • **Dichte:** 2,14–2,40 • **Brechungsindex:** 1,48 • **Doppelbrechung:** Keine • **Dispersion:** 0,018 • **Pleochroismus:** Fehlt • **Lumineszenz:** Manchmal orange, bis violett • **Chemismus:** Verliert bei Erhitzen die Farbe • **Besondere Merkmale:** Keine • **Veredelung:** Nicht bekannt.

Genese: Magmatite (nepheline Syenite), metasomatische Kalkgesteine.
Vorkommen: Schöne Sodalithe stammen aus Birma und Indien (Rajasthan). Kleinere Vorkom-

Sodalith-Anschliff, Breite 80 mm. Kanada.

Gegenstände aus Sodalith, die in der Heilkunde verwendet werden.

men hat Korea. In Afrika ist Sodalith in Angola, Sambia, Namibia (durchsichtige Steine bei Gopogo), Guinea und der Republik Südafrika (Transvaal) bekannt. Auf dem amerikanischen Kontinent findet man Sodalith in den USA, und zwar in Maine, Montana, Arkansas, South Dakota, Colorado, New Hampshire und New Jersey. Gegenwärtig weist Kanada im Gebiet von Bancroft und Dungannon („blue stone") und in der Provinz Ontario die bedeutendsten Lagerstätten auf. Britisch-Kolumbien und Quebec haben kleinere Vorkommen. Sodalithe werden auch in Grönland, Brasilien (Bahia) und Bolivien gefördert. Bedeutende Lagerstätten befinden sich in Rußland, vor allem im Ural und auf der Halbinsel Kola, andere Vorkommen in Tadschikistan. Weniger bedeutend sind die Fundorte in Deutschland, Italien, Schottland, Rumänien (Ditrau-Massiv), Portugal und Norwegen.

Bearbeitung: Selten Facettenschliff, Cabochons, Miniaturglypten.

Ähnliche Mineralien: Dumortierit, Hauyn, Lasurit, Azurit.

Imitationen: Glas.

Identifikation: Härte, Dichte, optisch.

Empfehlung: Reinigung mit Seifenwasser, weder mit Ultraschall noch mit Dampf. Reagiert mit HCl; ist spröde, rosafarbene Steine verlieren im Licht ihre Farbe.

Sodalith-Anschliff, Kanada.

136

SKAPOLITH

(Mineralgruppe der isomorphen Reihe Marialith–Mejonit)

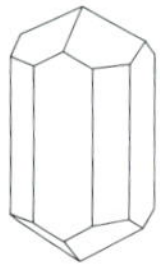

$Na_4[Cl(Al_3Si_9O_{24})]$ – Marialith
$Ca_4[CO_3(Al_6Si_6O_{24})]$ – Mejonit

Name nach griechisch „skapos" – Stab, und „lithos" – Stein.

6

Geschichte: Skapolith wird nur selten und auch erst seit kurzer Zeit als Edelstein verwendet.
Genese: Metamorphite, Pneumatolyte.

Farbe: Farblos, weiß, grau, grüngrau, bläulich (Glaukolith), rosa, violett, grüngelb (Stroganovit), braun, orange • **Transparenz:** Durchsichtig, durchscheinend • **Glanz:** Glasglanz, Perlmutterglanz • **Bruch:** Muschelig, uneben • **Spaltbarkeit:** (110) höchst vollkommen • **Härte:** 5–6, spröde • **Strichfarbe:** Weiß • **Dichte:** 2,50–2,62 (Marialith), 2,78 (Mejonit) • **Brechungsindex:** N_e 1,540 bis 1,548, N_o 1,549–1,567 • **Doppelbrechung:** -0,007 bis -0,020 • **Dispersion:** 0,017 • **Pleochroismus:** Mit bloßem Auge wahrnehmbar • **Lumineszenz:** Manchmal gelb oder orange • **Chemismus:** Die Zusammensetzung ist im Rahmen der isomorphen Reihe Marialith–Mejonit variabel; die blaue Farbe entsteht durch Beimischungen von SO_3, die violette und rosafarbene durch Cr • **Besondere Merkmale:** Katzenaugeneffekt • **Veredelung:** Bestrahlung.

Skapolith von verschiedenen Fundstellen. Die gelben geschliffenen Steine (der größte wiegt 35 ct) sind aus Tansania, die violetten aus dem Pamir Tadschikistans, die Kristalle stammen aus Brasilien.

Skapolith, Höhe des Kristalls 25 mm. Kunrun-Gebirge, Xinjang, China.

Vorkommen: Skapolith kommt oft in Edelsteinqualität und in vielen Ländern vor. Bedeutende Lagerstätten befinden sich in Birma (Mogok), wo gelbe, rosafarbene, violette und blaue Kristalle zu finden sind. Einige weisen Katzenaugeneffekt auf. Ähnliche Skapolithe treten auch in Sri Lanka auf (Ratnapura und Balangoda). Gelbe Skapolithe fördert Kanada (Quebec, Ontario), hellgelbe Brasilien (Bahia, Espiríto Santo). Einzelne durchsichtige Kristalle erreichten Größen bis 40 x 10 cm. Edelstein-Skapolithe kommen ebenso in Tansania vor. Sie sind hellgelb, rosafarben oder violett, manchmal mit Katzenaugeneffekt (Umba River). Ähnliche Steine wurden in Kenia (einige sind bläulich), auf Madagaskar und in Moçambique (vor allem violette) gefunden. Violette Steine werden jetzt aus China geliefert, sie weisen oft Katzenaugeneffekt auf. In Rußland werden Skapolithe in der Umgebung von Sludjanka abgebaut; farblose, gelbe und violette Steine kommen in Tadschikistan vor.

Große geschliffene Skapolithe sind selten. In der Smithsonian Institution in Washington liegen unter anderem ein farbloser geschliffener Stein mit einem Gewicht von 288 ct und ein geschliffenes Skapolith-Katzenauge von 29,9 ct aus Birma und ein 103,4 ct schwerer gelboranger geschliffener Stein aus Tansania.

Bearbeitung: Facettenschliff, Cabochons.

Ähnliche Mineralien: Heliodor, Topas, Quarz, Amblygonit.

Imitationen: Glas, Quarz.

Identifikation: Härte, Dichte, optisch.

Empfehlung: Mit Seifenwasser reinigen, Ultraschall und Dampf sind riskant; Skapolith schmilzt im Feuer schnell; er ist farbbeständig, außer er wird mit Bestrahlung behandelt; reagiert mit Säuren.

LASURIT

$(Na,Ca)_8[(SO_4,S,Cl)_2(AlSiO_4)_6]$

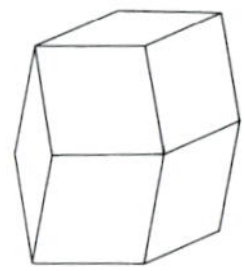

Benennung nach dem persischen, nach anderer Meinung arabischen Wort „lazhvard" – blau.

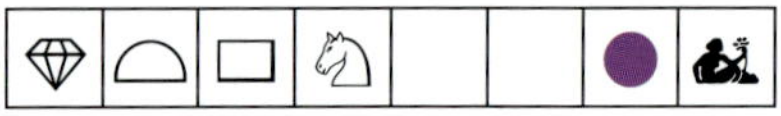

Geschichte: Lasurit (Lapislazuli) wird seit früher Zeit als Edelstein bearbeitet. Die Menschen kennen ihn schon ungefähr seit 7000 Jahren. Schon die Ägypter und Griechen hatten ihn entdeckt. Kleine Gegenstände aus Lasurit wurden in den ägyptischen Pyramiden gefunden. Syrier, Babylonier und Armenier bearbeiteten ihn. Die Chinesen trugen ihn als Symbol der Macht. Griechen und Römer stellten aus Lasurit kleine Figuren, Amulette, Schalen und Siegelstöcke her. Mit Wachs und Öl gemischtes Lasuritpulver diente als Farbstoff (Ultramarin).
Astrologie: Jungfrau, Schütze.
Chakra: Stirn.
Wirkung auf den Körper: Mildert Kopfschmerzen, senkt den Blutdruck und die Körpertemperatur, lindert Menstruationsschmerzen; erwärmte Steine helfen bei der Behandlung von Entzündungen und Schwellungen.
Pflege des Steins: In nicht aggressivem Wasser abspülen, im Sonnenlicht aufladen.
Genese: Kontaktmetamorphite.
Vorkommen: Die bedeutendsten und am längsten ausgebeuteten Lagerstätten befinden sich in Afghanistan. Im Gebiet von Badachshan, am Oberlauf des Amudarja wurden Lasurite schon im Altertum gefördert. Die ersten Nachrichten lieferte Marco Polo im 13. Jahrhundert. Die Lagerstätte Sar-a-Sang liegt in einer Höhe von 3000–4000 m und erstreckt sich über 2 km^2. Vereinzelt wurden hier 110 kg schwere Blöcke gefunden. Kristalle (maximal bis zu 5 cm) sind selten. Kleinere Vorkommen befinden sich in Pakistan (Gebiet Shandu), Birma (Dattan Valley) und Indien (Kaschmir, Madhya Pradesch). In Rußland wurde Lasurit 1851 am Baikalsee und 1930 im Pamir in Tadschikistan entdeckt. In der Umgebung des Baikalsees liegen acht Fundstellen. Die dunkelblauen Blöcke sind hier bis zu 60 kg schwer. Im Pamir lagert Lasurit in

Farbe: Dunkelblau, grünblau, hellblau, oft treten Pyritimprägnationen auf • **Transparenz:** Undurchsichtig, selten durchsichtig • **Glanz:** Matt, Fettglanz, Glasglanz • **Bruch:** Muschelig • **Spaltbarkeit:** (110) Unvollkommen • **Härte:** 5–6, spröde • **Strichfarbe:** Hellblau • **Dichte:** 2,38–2,45 (für das Mineral), 2,7–2,9 (für das Gestein mit überwiegendem Lasuritgehalt) • **Brechungsindex:** 1,500–1,522 • **Doppelbrechung:** Keine • **Dispersion:** Keine • **Pleochroismus:** Fehlt • **Lumineszenz:** Manchmal orangerot, hellrosa, weiß • **Chemismus:** Farbe durch Beimischungen • **Besondere Merkmale:** Häufig Pyritinklusionen • **Veredelung:** Imprägnieren, oft mit Farbstoffen.

Lasurit-Anschliff mit Pyrit, Afghanistan.

Lasurit, Chile.

Rosenkranz aus Lapislazuli, Höhe des Medaillons 70 mm. Prager Arbeit, nach 1600.

einer Höhe von 4500 m. Vereinzelt wurden 5 m große Lasuritnester gefunden. Die Steine sind schwach pyritisiert. Außerdem kommt Lasurit in der Republik Südafrika, in Angola und Ruanda (Pegmatite von Buranda) vor. Ein bedeutender Lasuritproduzent ist Chile. Die Steine sind hellblau bis grünblau und lagern in Höhen von 3000 m in den Provinzen Coquimbo und Aconcagua. Kleine Vorkommen befinden sich in den USA (Colorado, Kalifornien und Wyoming).

Museen und Schatzkammern beherbergen zahlreiche kostbare Schmuckgegenstände aus Lasurit. Am bekanntesten sind vielleicht die Lasuritsäulen in der Petersburger Isakijewski-Kirche. Auch in der Eremitage lagern viele Schmuckgegenstände aus Lasurit. Im Palazzo Pitti in Florenz steht eine 40,5 cm hohe Vase aus blauem Lasurit.

Bearbeitung: Cabochons, Facettenschliff, Tafelschliff, kleine und große Glypten, Galanteriegegenstände, Wandverkleidungen.

Ähnliche Mineralien: Sodalith, Hauyn, Nosean, Lazulith.

Imitationen: Schweizer bzw. Deutscher Lazulith (künstlich gefärbter Jaspis), synthetischer Spinell, synthetischer Gilson-Lasurit.

Identifikation: Härte, Dichte, optisch.

Empfehlung: In Seifenwasser reinigen, Ultraschall ist riskant, Dampf darf nicht verwendet werden; vor heftigen Temperaturschwankungen und Säuren schützen.

Lazulith-Anschliff, wird oft mit Lasurit verwechselt. Stickelberg, Österreich.

AMBLYGONIT

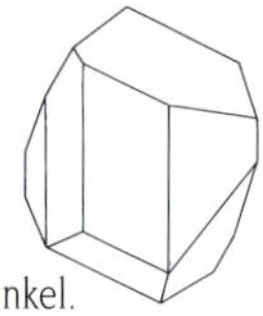

$(Li,Na)Al[(F,OH)(PO_4)]$

Benennung nach griechisch „amblys"–stumpf und „goni"–Winkel.

Geschichte: Wird erst seit kurzer Zeit und nur selten als Edelstein verwendet.
Genese: Pegmatite, Metasomatite.
Vorkommen: Schöne Edelstein-Amblygonite kommen aus Birma, Kasachstan, Australien, violette Steine von Namibia, dunkelbraune von Kenia. Schöne Amblygonite treten auch in den USA (Maine, South Dakota und Kalifornien) und in Brasilien (Minas Gerais) auf. In Europa werden sie in Deutschland, Schweden, Frankreich und Spanien gefunden, haben jedoch nirgends Edelsteinqualität. Geschliffene Amblygonite sind meist recht klein (sie wiegen bis zu 15 ct und erreichen nur selten 70 ct), sie stammen aus Brasilien. In der Smithsonian Institution in Washington liegt ein gelber geschliffener Stein von 62,5 ct aus Brasilien und ein ebenfalls gelber Stein von 19,7 ct aus Birma.

Geschliffene Amblygonite, 3–4 ct, Galilea, Minas Gerais, Brasilien.

Farbe: Farblos, weiß, gelb, grau, blau, grün, hellviolett, rosa • **Transparenz:** Durchsichtig, durchscheinend • **Glanz:** Glasglanz, Fettglanz • **Bruch:** Uneben, halbmuschelig • **Spaltbarkeit:** (100) höchst vollkommen, (110) gut • **Härte:** 5,5–6, spröde • **Strichfarbe:** Weiß • **Dichte:** 2,98–3,11 • **Brechungsindex:** N_p 1,611, N_m 1,622, N_g 1,637 • **Doppelbrechung:** 0,022 • **Dispersion:** 0,020 • **Pleochroismus:** Fehlt • **Lumineszenz:** Manchmal orange, bläulich • **Chemismus:** Unbekannt • **Besondere Merkmale:** Keine • **Veredelung:** Nicht bekannt.

Amblygonitkristall, Breite 60 mm. Linopolis, Minas Gerais, Brasilien.

Bearbeitung: Facettenschliff, Cabochons.
Ähnliche Mineralien: Brasilianit, Citrin, Heliodor, Skapolith.
Imitationen: Glas.
Identifikation: Härte, Dichte, optisch.
Empfehlung: Sehr empfindlich gegenüber Temperaturschwankungen, kann Risse bilden; reagiert mit Säuren; Reinigung mit Seifenwasser, nicht mit Dampf, Ultraschall ist riskant.

BRASILIANIT

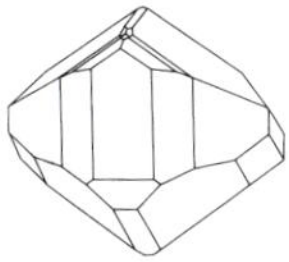

$NaAl_3[(OH)_2(PO_4)]_2$

Benennung nach dem ersten Fundland – Brasilien.

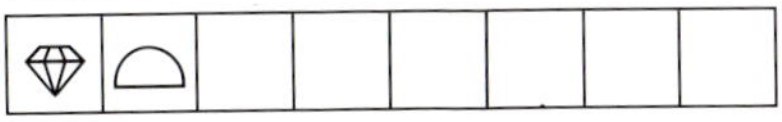

Farbe: Farblos, hellgelb, gelbgrün • **Transparenz:** Durchsichtig • **Glanz:** Glasglanz • **Bruch:** Muschelig • **Spaltbarkeit:** (010) gut • **Härte:** 5,5 • **Strichfarbe:** Weiß • **Dichte:** 2,98–3,0 • **Brechungsindex:** N_p 1,602, N_m 1,609, N_g 1,623 • **Doppelbrechung:** 0,019 bis 0,021 • **Dispersion:** 0,014 • **Pleochroismus:** Schwach, in Abhängigkeit von der Farbe • **Lumineszenz:** Keine • **Chemismus:** Unbekannt • **Besondere Merkmale:** Keine • **Veredelung:** Nicht bekannt.

Geschichte: Der Stein galt ursprünglich als Chrysoberyll. Im Jahre 1942 erwarb ihn Frederick Pough, zusammen mit E. P. Henderson bestimmte und benannte er ihn.
Genese: Pegmatite.
Vorkommen: In den Pegmatiten Brasiliens, in Minas Gerais, treten bis zu 20 cm große Kristalle auf. Auch in Espírito Santo und Paraiba lagern Brasilianite. Geschliffene Steine sind selten und erreichen ungefähr 20 ct. Kleinere Vorkommen befinden sich in den Pegmatiten der USA (Maine) und vereinzelt auch in denen der Tschechischen Republik (Dolní Bory), hier haben sie jedoch keine Edelsteinqualität. Im American Museum of Natural History in New York befinden sich zwei Brasilianite mit einem Gewicht von 19 ct und 23 ct.
Bearbeitung: Facettenschliff, selten Cabochons.
Ähnliche Mineralien: Chrysoberyll, Topas, Heliodor, Apatit, Amblygonit.
Imitationen: Glas, Quarz.
Identifikation: Härte, Dichte, optisch.
Empfehlung: Sehr empfindlich gegenüber Temperaturschwankungen, mit Seifenwasser reinigen, niemals mit Dampf, Ultraschall ist riskant, reagiert mit Säuren; spröde und weich.

Brasilianitdruse, Corregon Frío Mine, Divino Das Laranjeiras, Minas Gerais, Brasilien.

TÜRKIS

$CuAl_6[(OH)_2(PO_4)]_4 \cdot 4H_2O$

Benennung nach dem französischen Namen der Türkei – Tourquise.

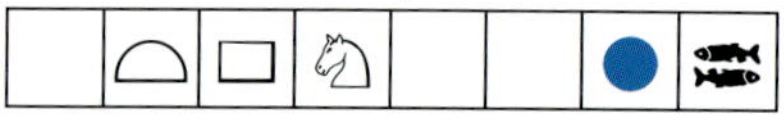

Geschichte: Seit alters her werden aus Türkis Vasen, Ringe, Broschen, Armbänder und dergleichen hergestellt. Osmanen, Azteken, Ägypter und Tibeter schätzten ihn. Im Mittelalter wurde ihm magische Kraft zugeschrieben. Man sah in ihm ein Heilmittel gegen Augen- und Magenkrankheiten. Im Orient war er ein Glücksstein und schützte vor Schlangengift. Im 15. und 16. Jahrhundert galt er in Europa als Stein der Männer.
Astrologie: Fische, Zwillinge, Schütze.
Chakra: Kehle.
Wirkung auf den Körper: Heilt Erkrankungen der Atemwege und der Lunge, kräftigt das Herz, wirkt wohltuend auf die Augen.
Pflege des Steins: Kurz im Sonnenlicht aufladen.
Genese: Sekundärgestein.
Vorkommen: Weltbekannte historische Fundorte liegen in Iran. Hier kam Türkis in der Umgebung von Nishapur vor und wurde schon im Altertum gefördert. Die aufgelassenen Gänge sind mehrere Dutzend Kilometer lang. Anfangs baute man über Tag ab, heute geschieht der Abbau in 100 m Tiefe. Die Türkise dieses Gebiets haben höchste Qualität. Sie sind an kaolinisierte und silizifizierte Trachyte gebunden, die stellenweise in Breccienform auftreten. Kleine Türkisvorkommen zeigten sich auch in der Türkei, in Afghanistan und Indien. Ein klassisches Abbaugebiet ist China. Türkis fin-

Farbe: Blau, grünblau, apfelgrün, hellbraun • **Transparenz:** Undurchsichtig, selten in kleinen Kristallen durchsichtig • **Glanz:** Fettglanz, matt • **Bruch:** Muschelig • **Spaltbarkeit:** Nach (001) gut • **Härte:** 5–6 • **Strichfarbe:** Weiß, bläulich • **Dichte:** 2,6–2,9 • **Brechungsindex:** N_p 1,61, N_m 1,62, N_g 1,65 • **Doppelbrechung:** 0,040 • **Dispersion:** Keine • **Pleochroismus:** Schwach, farblos bis hellblau • **Lumineszenz:** Grüngelb, hellblau • **Chemismus:** Die Beimischungen von Fe^{2+} und Fe^{3+} verursachen die verschiedenen Farben • **Besondere Merkmale:** Enthält oft Mangandendrite („Spider Web") • **Veredelung:** Imprägnieren mit Bindemitteln und Farbstoffen.

Türkisknolle, Breite 65 mm. Kasachstan.

Beliebter Türkisersatz, ursprünglich weißer Howlith und Magnesit, künstlich blau gefärbt.

det man aber auch in Tibet. Auf dem amerikanischen Kontinent wurde er schon von den Indianern an zahlreichen Orten im Gebiet der heutigen USA gefördert. Die Lagerstätten befinden sich in New Mexico, Colorado und Nevada (hier ungefähr 38 Fundorte). Das größte Türkisstück aus Nevada hatte ein Gewicht von 80 kg. Kleinere Funde stammen aus Kalifornien und Arizona. Ebenso lagern Türkise in Chile, Peru, Mexiko und Brasilien und Australien. Historisch bekannt sind die Lagerstätten in Ägypten, auf der Halbinsel Sinai. Hier fördert man Türkise schon 3000 Jahre auf einer Fläche von 640 km^2. Sie werden von Azurit, Malachit und Chrysokoll begleitet. Kleinere Vorkommen befinden sich in Äthiopien, Namibia, im Sudan und in Tansania. Rußland (Polar-Ural), vor allem aber Usbekistan und Kasachstan haben alte Lagerstätten, wo die Förderung schon über 2000 Jahre betrieben wird. Andere Fundorte liegen in Armenien, Bulgarien, Großbritannien, Polen und Deutschland.

Bearbeitung: Cabochons, Tafelschliff, kleine bis mittelgroße Glypten.

Ähnliche Mineralien: Lazulith, Lasurit, Malachit, Chrysokoll.

Imitationen: Glas, Emaille, Keramik, Plaste, Porzellan, synthetischer Türkis, Knochentürkis, gefärbter Howlith und Magnesit.

Identifikation: Härte, Dichte, optisch.

Empfehlung: Weder Ultraschall noch Dampf verwenden, auch Seife und Waschpulver schaden, unter Wärmeeinwirkung platzt Türkis. Er reagiert mit Säuren, kann im Licht die Farbe verlieren, durch Einwirkung von Hautschweiß oder Kosmetika kann sich das Blau in Grün verwandeln.

Türkis, Anatolien, Türkei.

APATIT

$Ca_5[(F,Cl)(PO_4)_3]$

Name von griechisch „apatao" – täuschen.

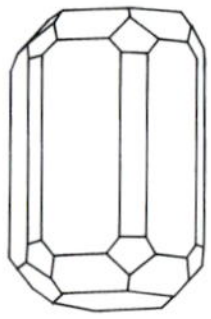

Geschichte: Er wurde in der Vergangenheit oft mit anderen Steinen verwechselt. In jüngerer Zeit hat er als Edelstein nur Sammelwert.

Genese: Pegmatite, Pneumatolyte, hydrothermal, Sedimente, Seifen.

Vorkommen: Kommt in Birma im Gebiet von Mogok vor (hellblaue, grüne oder farblose Steine), manchmal mit Katzenaugeneffekt. Ähnliche Apatite bietet Sri Lanka, sie sind blau und weisen Katzenaugeneffekt auf, andere sind grün und gelb. In Indien werden grüne Steine mit Katzenaugeneffekt gefunden. Schöne rote Apatite wurden in Pakistan, im Gebiet von Nasart entdeckt. Bedeutende Vorkommen von Edelstein-Apatiten sind aus Brasilien bekannt, die Steine sind hier blau und grün, selten hellrosa (im Gebiet von Morro Velho). Bis zu 10 cm große graue Kristalle birgt der Raum von Urupuca, bläuliche Fluorapatite stammen aus dem Gebiet Virgen da Lapa, olivgrüne aus Campo Linda. In den USA kommen Apatite in Maine (violette, bis 25 cm große Kristalle, die daraus geschliffenen Steine wiegen bis zu 170 ct), Kalifornien (violette, rosarote und grüne Steine), Alaska (bis zu 10 cm große, braungrüne Kristalle) und South Dakota (indigoblaue Apatite) vor. Edelstein-Apatite wurden auch in Mexiko gefunden (gelbe und gelbgrüne Kristalle, die daraus geschliffenen Steine wiegen bis zu 30 ct), des weite-

Farbe: Farblos, gelbgrün (Asparagolith), gelb, schmutzig grün (Tulliumit), blaugrün (Moroxit), violett, rot, braunrot, manchmal auch polychrom • **Transparenz:** Durchsichtig, durchscheinend • **Glanz:** Glasglanz, Fettglanz • **Bruch:** Uneben, muschelig • **Spaltbarkeit:** (0001) und (10$\bar{1}$0) unvollkommen • **Härte:** 5, spröde • **Strichfarbe:** Weiß • **Dichte:** 3,10–3,35 • **Brechungsindex:** N_e 1,598 bis 1,666, N_o 1,603–1,667 • **Doppelbrechung:** -0,001 bis -0,013 • **Dispersion:** 0,013 • **Pleochroismus:** Erkennbar, bei bläulichen Varietäten ist mit bloßem Auge Dichroismus wahrnehmbar • **Lumineszenz:** Gelb, gelborange, rosa, hellgrün, blau, weiß • **Chemismus:** Beimischungen von Cl (Chlorapatit), F (Fluorapatit), Sr und seltenen Erden (Belovit), Si (Wilkeit), Ca (Alestadit), Mn (Mangualdit) • **Besondere Merkmale:** Katzenaugeneffekt • **Veredelung:** Unbekannt.

Geschliffener Apatit, 10,5 ct, auf Muttergestein mit eingewachsenen Kristallen. Sludjanka, Rußland.

Fluorapatitdruse, Kristalle 20 mm. Cerro Mercado, Durango, Mexiko.

ren in Kanada in Quebec (bis zu 70 cm große Kristalle), in Bolivien (rosa und farblose Apatite) und auf dem afrikanischen Kontinent vor allem in Ostafrika. Kenia und Tansania liefern goldgrüne Kristalle, ähnliche auch Madagaskar, Moçambique (grüne), Namibia (blaugrüne), die Republik Südafrika (blaugrüne). In Australien werden hellblaue, bis zu 10 cm große Kristalle gefunden. In Rußland liegen bedeutende Fundorte auf der Halbinsel Kola (gelbe und gelbgrüne Apatite) und im Transbaikalgebiet (blaue Apatite, manche mit Katzenaugeneffekt), andere befinden sich in Tadschikistan (Pamirgebiet, rosa Apatite) und Kasachstan (gelbe und farblose Apatite). In Europa kommen Apatite unter anderem in Italien (farblose), der Schweiz, Österreich, Spanien (gelbgrüne), Portugal, Finnland, Schweden und Deutschland vor. Geschliffene Apatite wiegen oft über 100 ct, der größte, gelbgrüne geschliffene Stein aus Kenia hat ein Gewicht von 147 ct.
Bearbeitung: Facettenschliff, Cabochons.
Ähnliche Mineralien: Aquamarin, Goshenit, Heliodor, Amethyst, Rauchquarz.

Imitationen: Synthetischer Apatit.
Identifikation: Härte, Dichte, optisch.
Empfehlung: Sehr wärmeempfindlich, nicht mit Dampf reinigen, Ultraschall ist riskant, durch Temperaturveränderungen verliert oder ändert er die Farbe, reagiert mit Säuren.

Rohapatite, größter Stein 25 mm. Brasilien.

146

4

SMITHSONIT

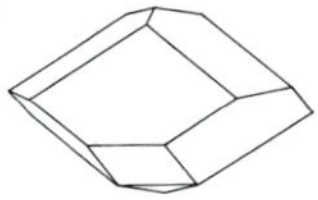

$ZnCO_3$

Benennung nach
dem englischen Mineralogen J. Smithson.

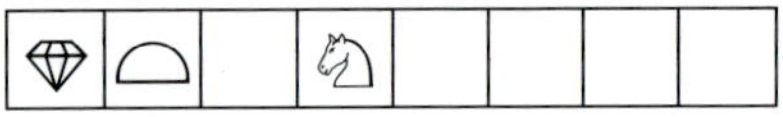

Geschichte: Wird nur lokal in Edelsteinform verwendet, hat in letzten Zeit vor allem für Sammler Bedeutung.

Genese: Oxidationszonen der Erzlager.

Vorkommen: Dieses Mineral kommt in großen Mengen in Vietnam vor, des weiteren in Kasachstan, der Türkei, in Australien und Afrika. Smithsonite verschiedener Farben treten in Namibia auf. Die kristallischen Krusten sind bis zu 8 cm stark und intensiv grün, rosa, weiß und grau. Kristalle sind aus Sambia, Kenia und Algerien bekannt. Schöne Krusten findet man in vielen Staaten der USA – gelbe in Arkansas, apfelgrüne in New Mexico, grünblaue in Colorado, Montana und Kalifornien. Verschiedene Farben haben auch die Steine aus Mexiko. Zahlreiche Fundorte liegen in Rußland (Ural), Griechenland, Italien, England und Spanien.

Bearbeitung: Facettenschliff, Cabochons, kleine Glypten.

Farbe: Weiß, grau, gelb, grünblau, auch rot, orangerot, selten rosa und farblos • **Transparenz:** Selten durchsichtig, durchscheinend • **Glanz:** Glasglanz, Perlmutterglanz • **Bruch:** Uneben, muschelig • **Spaltbarkeit:** $(10\bar{1}1)$ • **Härte:** 4–4,5, spröde • **Strichfarbe:** Weiß • **Dichte:** 4,3–4,4 • **Brechungsindex:** N_e 1,621, N_o 1,848–1,849 • **Doppelbrechung:** -0,227 • **Dispersion:** 0,037 • **Pleochroismus:** Fehlt • **Lumineszenz:** Manchmal weiß, blauweiß, grünweiß, rosa, braun • **Chemismus:** Beimischungen von Cd färben gelb, Co rosa, Cu und Fe blau • **Besondere Merkmale:** Keine • **Veredelung:** Nicht bekannt.

Ähnliche Mineralien: Jadeit, Chalcedon, Chrysopras, Hemimorphit, Türkis.

Imitationen: Glas.

Identifikation: Härte, Dichte, optisch.

Empfehlung: Wärmeempfindlich; mit Seifenwasser reinigen, nie mit Ultraschall oder Dampf; weich und spröde, in HCl löslich.

Smithsonit, Breite 174 mm. Kelly Mine, New Mexico, USA.

VARISCIT

$Al[PO_4]\cdot 2H_2O$

Name von lateinisch „variscia“ für das Vogtland in Deutschland.

Geschichte: Wird nur in einigen Gebieten als Edelstein bearbeitet.
Genese: Oxidationszonen.
Vorkommen: Variscit ist in den amerikanischen Staaten Arizona, Utah und Nevada zu finden, außerdem in Bolivien, Brasilien (Huanuni, Cerro Posocani) und Australien. In Europa wird er in Deutschland, Österreich und Spanien gefunden.
Bearbeitung: Cabochons, kleine Glypten.
Ähnliche Mineralien: Türkis, Jadeit, Chrysopras.
Imitationen: Sind nicht bekannt.

Farbe: Grün, blaugrün, gelb, farblos • **Transparenz:** Durchscheinend, undurchsichtig • **Glanz:** Fettglanz, matt, Glasglanz • **Bruch:** Muschelig • **Spaltbarkeit:** (010) höchst vollkommen • **Härte:** 3,5–4,5 • **Strichfarbe:** Weiß • **Dichte:** 2,2–2,57 • **Brechungsindex:** N_p 1,550–1,563, N_m 1,565 bis 1,588, N_g 1,570–1,594 • **Doppelbrechung:** 0,031 • **Dispersion:** Keine • **Pleochroismus:** Fehlt • **Lumineszenz:** Keine • **Chemismus:** Charakteristische Farbe entsteht durch Cr, Fe • **Besondere Merkmale:** Keine • **Veredelung:** Nicht bekannt.

Identifikation: Härte, Dichte, optisch.
Empfehlung: Wärmeempfindlich, weder mit Dampf noch mit Ultraschall reinigen; reagiert mit Säuren; weich.

Variscit, Breite 153 mm. Fairfield, Utah, USA.

FLUORIT

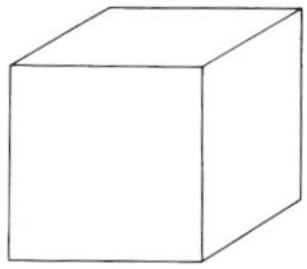

CaF_2

Benennung nach lateinisch „fluere" – fließen.

Geschichte: Fluorit wird schon von den Römern erwähnt. Sie stellten daraus Vasen und Gefäße her. Im vergangenen Jahrhundert war er auch in England als „Blue John" sehr beliebt.
Astrologie: Fische.
Chakra: Scheitel.
Wirkung auf den Körper: Beruhigt das Nervensystem, beeinflußt auch die Behandlung von Herzbeschwerden wohltuend.

Farbe: Sehr variabel, es sind fast alle Farbtöne bekannt. Am häufigsten kommen Grün, Blaugrün, Violett bis Violettrot vor. Ebenso findet man gelbe, weinrote, braune, orange, aber auch weiße und farblose Fluorite. Ausnahmen bilden rosafarbene, blaue und schwarze Kristalle. Bei einigen wechseln die Farben in zarten Streifen oder mit allmählichen Übergängen • **Transparenz:** Durchsichtig, halbdurchsichtig • **Glanz:** Glasglanz • **Bruch:** Muschelig, uneben • **Spaltbarkeit:** (111) höchst vollkommen • **Härte:** 4, spröde • **Strichfarbe:** Weiß • **Dichte:** 3,0–3,25 • **Brechungsindex:** N 1,432–1,434 • **Doppelbrechung:** Keine • **Dispersion:** 0,007 • **Pleochroismus:** Fehlt • **Lumineszenz:** Blau, violett, gelb, weiß, grün, rot, bei Erwärmen leuchtet er auf (Thermolumineszenz) • **Chemismus:** Enthält unter anderem Beimischungen von Cl und seltenen Erden • **Besondere Merkmale:** Selten Alexandrit-Effekt • **Veredelung:** Bestrahlen, Erhitzen, Imprägnieren.

Bunter Fluorit, 70 ct, Treppenschliff. Chile.

Fluorit auf Quarz, größter Kristall 30 mm. Chamonix, Frankreich.

„Blue John", beliebter Fluorit in England. Cumberland, Großbritannien.

Pflege des Steins: In nichtaggressivem Wasser abspülen, nur kurz im Sonnenlicht aufladen.
Genese: Pegmatite, hydrothermal.
Vorkommen: Bedeutende Lagerstätten befinden sich in China (oft fein gebänderte, mehrfarbige Kristalle). Fluorit kommt auch in der Mongolei, in Korea, Pakistan (schöne rosa Kristalle), Australien und in den USA vor, insbesondere in New Mexico, Utah (hellgrüne Kristalle), Colorado, Kentucky, New Hampshire (hellblaue Kristalle), Texas (große Kristalle verschiedener Farbe), in Tennessee (blaugrüne Kristalle), New York und Illinois (gelbe und violette Kristalle). Fluorite werden in Kanada, Mexiko (smaragdgrüne Kristalle im Gebiet von Zacatecas, rote in Guanajuato), in Peru (rosafarbene), Argentinien und Kolumbien, auf dem afrikanischen Kontinent vor allem in Namibia (grüne Kristalle) und der Republik Südafrika gefördert. Ebenso findet man sie in Rußland, Kasachstan und Tadschikistan. In Europa sind Fluorite vor allem aus England (Cumberland) bekannt, außerdem von Spanien, Deutschland, der Tschechischen Republik, ebenso Italien, Norwegen, Frankreich, der Schweiz und Rumänien.
Aus Fluoriten werden verschiedene Schmuckgegenstände, aber auch geschliffene Steine hergestellt. In der Smithsonian Institution in Washington befindet sich eine Kollektion geschliffener Fluorite verschiedener Farbe, einige davon wiegen mehr als 100 ct. Aus rosa Fluoriten von Pakistan wurde ein facettierter Stein von 248,8 ct geschliffen. Rosafarbene geschliffene Fluorite aus Korea wiegen 492 und 354 ct, ein geschliffener roter Stein aus England wiegt 118 ct, ein gelber aus Illinois 351 ct und ein violetter, ebenfalls aus Illinois, 111,2 ct. Der wahrscheinlich größte facettiert geschliffene Fluorit befindet sich in den Sammlungen der Smithsonian Institution in Washington. Dieser blaue Stein wiegt 3 965,35 ct und wurde von Art Grant geschliffen.
Bearbeitung: Facettenschliff, Cabochons, kleine bis große Glypten und Galanteriegegenstände.
Ähnliche Mineralien: Baryt, Apatit, Amethyst.
Imitationen: Glas.
Identifikation: Härte, Dichte, optisch.
Empfehlung: Mit Seifenwasser reinigen, nie mit Ultraschall und Dampf; ist sehr wärmeempfindlich, in H_2SO_4 löslich, spröde, weich, spaltbar.

Fluorit, Höhe 72 mm. Pine Canyon Deposit, Grant Co., New Mexico, USA.

RHODOCHROSIT

$MnCO_3$

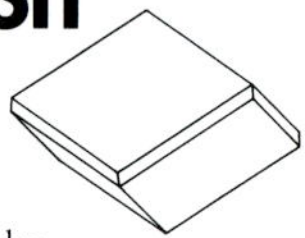

Benennung nach griechisch „rhodon" – Rose, „chroma" – Farbe.

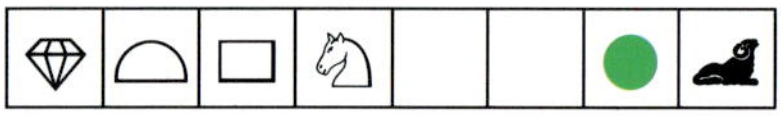

Geschichte: Eine weit zurückreichende Geschichte der Verarbeitung von Rhodochrosit zu Ziergegenständen hat vor allem Argentinien zu verzeichnen. Hier wurde er von den Indianern schon im 13. Jahrhundert gefördert und „Rose der Inkas" genannt.
Astrologie: Widder, Krebs.
Chakra: Herz.
Wirkung auf den Körper: Steigert die Denkleistung.
Pflege des Steins: In nichtaggressivem Wasser abspülen, kurz im Sonnenlicht aufladen.

Rhodochrosit, Höhe 113 mm. Sweet Home Mine, Alma, Colorado, USA.

Farbe: Rosarot, braunrot, grau, oft wechseln verschiedene Farbtöne in Bändern • **Transparenz:** Durchsichtig bis durchscheinend • **Glanz:** Glasglanz, an den Spaltflächen Perlmutterglanz • **Bruch:** Uneben muschelig • **Spaltbarkeit:** $(10\bar{1}1)$ höchst vollkommen • **Härte:** 3,5–4, spröde • **Strichfarbe:** Weiß • **Dichte:** 3,4–3,7 • **Brechungsindex:** N_e 1,578 bis 1,695, N_o 1,786–1,840 • **Doppelbrechung:** -0,201 bis -0,220 • **Dispersion:** Keine • **Pleochroismus:** Bei intensiv gefärbten Steinen manchmal schwach • **Lumineszenz:** Manchmal hellrosa bis dunkelrot • **Chemismus:** Beimischungen unter anderem von Ca und Fe • **Besondere Merkmale:** Die Farbe ist nicht immer beständig, sie kann sich mit der Zeit zu Braun bis Schwarz verändern • **Veredelung:** Ist nicht bekannt.

Genese: Hydrothermal, Metamorphite, Sedimente.
Vorkommen: Edelsteine, die sich zur Bearbeitung eignen, befinden sich an zahlreichen Orten in Indien, Afghanistan, Australien und vor allem auf dem amerikanischen Kontinent. In den USA besitzen unter anderem Colorado (Leadville, auch für Facettenschliff geeignet) und Montana Lagerstätten. Gegenwärtig ist Argentinien Hauptlieferant von Rhodochrositen. Die Lagerstätten gehören zu den Provinzen San Luis und Catamarca (Las Capillitas). Schöne Steine findet man in Mexiko und Peru (rubinrote Kristalle). Auf dem afrikanischen Kontinent wird Rhodochrosit in der Republik Südafrika, im Gebiet von Kuruman gefördert. Hier entdeckte man auch dunkelrote, bis zu 7 cm große Kristalle. Ähnliche Steine kommen aus der Republik Südafrika von der N'Chwaning Mine. Sie liefern das beste Rohmaterial für facettiert geschliffene Steine, die in der Regel bis zu 5 ct wiegen. In Rußland sind Rhodochrosite aus dem Transbaikalgebiet und dem Ural bekannt. Außerdem treten sie in Rumänien (Cavnic, Baia Sprie, vor allem feine gebänderte Füllungen) auf, Kristalle bei Săcărîmb. Auch Deutschland, die Tschechische Republik, die Slowakei, Frankreich, Spanien, das frühere Jugoslawien und Bulgarien haben Rhodochrosit. Aus Rhodochrosit wurden seit alters her Schmuckgegenstände hergestellt, die in den Sammlungen zahlreicher Museen Aufnahme fanden. Die Smithsonian Institution in Washington beherbergt einen roten geschliffenen Stein

Querschnitt durch Rhodochrosit-Tropfstein, Breite 84 mm. Catamarca, Argentinien.

mit einem Gewicht von 59,65 ct. Facettenschliffe über 20 ct sind selten.

Bearbeitung: Facettenschliff, Cabochons, Tafelschliff, kleine und mittelgroße Glypten und Galanteriegegenstände.

Rhodochrosit-Anschliff. Cavnic, Rumänien.

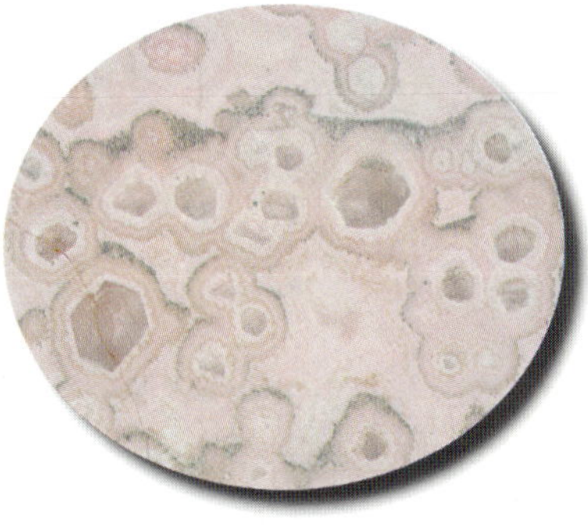

Ähnliche Mineralien: Dolomit, Rhodonit, Rosenquarz.

Imitationen: Nicht bekannt.

Identifikation: Härte, Dichte, optisch und chemisch (schäumt bei Kontakt mit HCl).

Empfehlung: Wärmeempfindlich, verliert die Farbe (verfärbt braun oder grau), zerfällt in der Flamme; reagiert mit HCl; mit Seifenwasser reinigen, nie mit Ultraschall oder Dampf.

Rhodochrosit-Anschliff. Catamarca, Argentinien.

MALACHIT

$Cu_2[(OH)_2(CO_3)]$

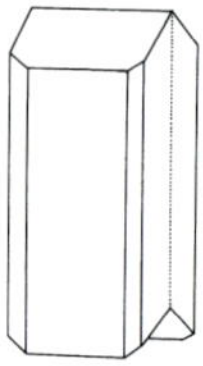

Die Benennung geht offenbar auf das griechische Wort „malache" – sattgrün, nach anderer Meinung auf das Wort „malachos" – weich, zurück.

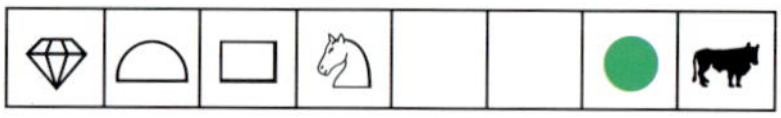

Geschichte: Malachit wurde schon früh als Edelstein verarbeitet. In Ägypten wurden daraus Kameen, Amulette und Schmuckgegenstände gefertigt. Auch die Griechen und Römer kannten Malachit. Das zerstoßene Mineral wurde zum Schminken oder in der Malerei als Farbstoff verwendet. Malachit hatte angeblich die Macht, Kinder vor Zauberei und Hexerei zu schützen. In der Antike sollte er Augenleiden heilen. Im 16. Jahrhundert wurde er in Mitteleuropa zur Unterstützung des Wachstums von Kindern eingesetzt und auch, um Schmerzen zu stillen.

Astrologie: Stier.

Chakra: Herz.

Wirkung auf den Körper: Hilft bei der Behandlung von Magenbeschwerden und bei Leiden der Milz und Bauchspeicheldrüse, kräftigt das Sehvermögen und wird bei Koliken, verschiedenen seelischen Störungen und Schlaflosigkeit empfohlen, beruhigt Kopfschmerzen.

Pflege des Steins: In lauwarmem Wasser entladen.

Genese: Oxidationszonen der Kupferlagerstätten.

Farbe: Grün, dunkelgrün, schwarzgrün, hellgrün, selten blaugrün bis smaragdgrün; im Bruch oder im Anschliff zeigen die einzelnen Varietäten oft verschiedene Streifung und Bänderung • **Transparenz:** Undurchsichtig, selten durchsichtig • **Glanz:** Glasglanz, Seidenglanz, Fettglanz • **Bruch:** Muschelig • **Spaltbarkeit:** (001) gut • **Härte:** 3,5–4,5, spröde • **Strichfarbe:** Hellgrün • **Dichte:** 4,5 • **Brechungsindex:** N_p 1,655, N_m 1,875, N_g 1,909 • **Doppelbrechung:** -0,254 • **Dispersion:** Keine • **Pleochroismus:** Markant, farblos, gelbgrün, dunkelgrün • **Lumineszenz:** Keine • **Chemismus:** Die Farbe wird von Cu verursacht • **Besondere Merkmale:** Keine • **Veredelung:** Imprägnieren mit Paraffin oder Epoxid.

Vorkommen: Die bekanntesten Malachitvorkommen Asiens liegen in China und Indien. Bedeutende Lagerstätten hat auch Australien, vor allem aber der amerikanische Kontinent, etwa in Arizona (bei Bisbee wurde ein 4,5 t schwerer Block entdeckt), Nevada, Colorado und Utah. Schöne Malachitkrusten werden in Nicaragua und Zaire gefunden. Edelsteinqualität haben die Malachite in Mexiko, Chile und Kuba. Die bedeutendsten und historisch bekanntesten Vorkommen weist Afrika auf. Hier wird

Malachit-Anschliff, Breite 70 mm; kleine Gegenstände, Zaire.

Kästchen aus Malachit, kombiniert mit Jaspis. Russische Arbeit vom Anfang des 20. Jahrhunderts.

Malachit seit alters her im Gebiet des Copperbelt („Kupfergürtels") in Zaire und Sambia gewonnen. Die Malachitzone erstreckt sich von der Provinz Shaba (Zaire) bis nach Sambia. Diese Malachite gelten als die schönsten und hochwertigsten der Welt. Schöne Malachitkristalle liefern Namibia (Tsumeb), Marokko, Simbabwe und Angola. Nicht weniger bedeutende Malachitlagerstätten wurden auch in Rußland, im Ural, ausgebeutet. Sie liegen in der Umgebung der Stadt Nischni Tagil. Die Malachitzone reicht hier bis in eine Tiefe von 130 m und wurde schon 1709 abgebaut (Lagerstätte Gumeschewsk). Auch im Ural wurden Malachitblöcke mit mehreren Tonnen Gewicht gefunden (8 x 1 m groß). Schöne Malachite hat Kasachstan. Europa weist nur kleinere Lagerstätten von geringerer Bedeutung in Deutschland, der Slowakei, in Ungarn, Rumänien, England und Frankreich auf. Erzeugnisse aus Malachit lassen sich in den Museen und Schatzkammern der ganzen Welt bewundern. Besonders prächtig sind der „Malachitsaal" und der „Georgiewski-Saal" des Winterpalais in Petersburg (Rußland).

Bearbeitung: Cabochons, Tafelschliff, kleine bis große Glypten, Galanteriegegenstände, Wandverkleidungen; facettiert geschliffene Steine sind selten und wiegen nur bis zu 2 ct.

Ähnliche Mineralien: Pseudomalachit.

Imitationen: Glas.

Identifikation: Härte, Dichte.

Empfehlung: Wärmeempfindlich, in Seifenwasser reinigen, nicht mit Ultraschall oder Dampf; reagiert mit Säuren.

Tropfsteinaggregat aus Malachit, Zaire.

ARAGONIT

$CaCO_3$

Benannt nach dem spanischen Fundort in Molina de Aragon.

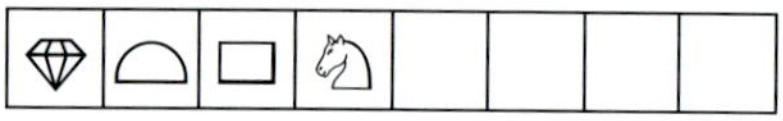

Geschichte: Die massiven, bunt gestreiften Formen des Aragonits lassen sich leicht bearbeiten und dienen seit langer Zeit zur Herstellung von Gefäßen, Kleinplastiken und Wandverkleidungen.
Genese: Niederthermal, hypergen.
Vorkommen: Massiver Aragonit lagert an vielen Lokalitäten in den USA (South Dakota, New Mexico, Iowa, Indiana, Wyoming, roter Aragonit in Montana), in Kanada, Mexiko (grüne), Chile (blaue), Peru und Argentinien. Schöne grüne Aragonite stammen aus Pakistan. Ebenso kommen Aragonite in Namibia, auf Madagaskar, in Algerien und Marokko (rote) vor, in Turkmenistan, Kirgisien (blau), Deutschland, Österreich, der Slowakei, Spanien und Griechenland (blaue). Die Fundstelle Hořenec bei Bílina (Tschechische Republik), wo schon Goethe Mineralien sammelte, ist gegenwärtig weltweit die einzige Lokalität, die Rohstoffe für Facettenschliff liefert. Die farblosen, gelben bis grünlichen geschliffenen Steine können selten das Gewicht von 100 ct überschreiten.
Bearbeitung: Facettenschliff, Cabochons, kleine bis mittelgroße Glypten und Galanteriegegenstände.
Ähnliche Mineralien: Calcit.
Imitationen: Sind nicht bekannt.
Identifikation: Dichte, Härte.
Empfehlung: Wärmeempfindlich, mit Seifenwasser reinigen, weder mit Ultraschall noch Dampf; säurelöslich, spröde, weich.

Ziergegenstände aus Aragonit. Pakistan.

Farbe: Farblos, weiß, gelb, braungrün, grauweiß, rosafarben hellviolett, bläulich, rot, orange • **Transparenz:** Durchsichtig, durchscheinend, undurchsichtig • **Glanz:** Glasglanz, an den Spaltflächen Perlmutterglanz bis Fettglanz • **Bruch:** Muschelig • **Spaltbarkeit:** (010) unvollkommen • **Härte:** 3,5–4, spröde • **Strichfarbe:** Weiß • **Dichte:** 2,93 bis 2,95 • **Brechungsindex:** N_p 1,530 , N_m 1,681, N_g 1,685 • **Doppelbrechung:** 0,155 • **Dispersion:** Schwach • **Pleochroismus:** Fehlt • **Lumineszenz:** Weiß, gelb, cremefarben, orange, grün • **Chemismus:** Beimischungen von Fe, Pb, Sr, Zn • **Besondere Merkmale:** Keine • **Veredelung:** Nicht bekannt.

Geschliffener Aragonit, 91,69 ct. Hořenec bei Bílina, Tschechische Republik.

CALCIT

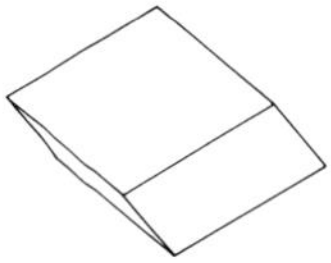

$CaCO_3$

Der Name entstand aus dem lateinischen Wort „calc" – Kalk.

Geschichte: Von den Calciten erfreute sich der Onyx in Ägypten, Assyrien und Babylon besonderer Beliebtheit. In Rom wurden aus ihm Mosaiken, Statuen und die Innenausstattung von Palästen angefertigt. Facettierte Steine sind in Anbetracht des komplizierten Schleifens und der höchst vollkommenen Spaltbarkeit nicht sehr häufig.

Genese: Magmatite, Metamorphgesteine, Sediment- und hydrothermale Gesteine, Verwitterungskrusten, Oxidationszonen, Thermalquellen.

Chakra: Herz.

Wirkung auf den Körper: Wohltuend für Herz und Nervensystem.

Vorkommen: Bekannt sind Onyxe aus Indonesien, mehrfarbige aus den Arabischen Emiraten, besonders schöne aus Afghanistan und Pakistan, ebenso ein sogenannter „Utah-Onyx" aus den USA. Mexiko, Argentinien, Australien und Neuseeland, Algerien, Marokko und Ägypten liefern ebenfalls Onyx. Blaue Steine stammen aus Namibia, hellgelbe aus Kenia. Auch in Rußland, Turkmenien, Usbekistan und Deutschland werden Onyxe gefunden. Rohstoff, der sich für Facettenschliff eignet, kommt gegenwärtig vor allem aus Rußland (Tunguska-Gebiet), wo die klaren Kristalle bis zu einigen kg Gewicht erreichen. Sehr beliebt, aber selten sind die rosavioletten Cobaltocalcite aus Zaire, die gewöhnlich nicht schwerer als 10 ct sind. Privatsammlungen beherbergen farbige geschliffene Steine von 4440,0 ct, die Harvard-Universität einen geschliffenen Stein aus Kanada mit einem Gewicht von 1260,0 ct.

Farbe: Farblos, weiß, gelb, braun, rot, blau, grün und schwarz, oft schichtiger Farbenwechsel (Onyx) • **Transparenz:** Durchsichtig, durchscheinend und undurchsichtig • **Glanz:** Glasglanz, an den Spaltflächen Perlmutterglanz • **Bruch:** Muschelig • **Spaltbarkeit:** $(10\bar{1}1)$ höchst vollkommen • **Härte:** 3, spröde • **Strichfarbe:** Weiß • **Dichte:** 2,71–2,94 • **Brechungsindex:** N_e 1,486 bis 1,550, N_o 1,658–1,740 • **Doppelbrechung:** 0,172–0,190 • **Dispersion:** Markant • **Pleochroismus:** Fehlt • **Lumineszenz:** Weiß, gelb, blau, rot, orange, grün • **Chemismus:** Beimischungen von Mn (Manganocalcit), Ph (Plumbocalcit), Sr, Co (Sphärokobaltit) • **Besondere Merkmale:** Sehr starke Doppelbrechung, sogenannter „Islandkalkstein", faserige Varietäten mit Katzenaugeneffekt • **Veredelung:** Körnige Varietäten (Marmor) werden imprägniert, gefärbt, gebrannt oder bestrahlt.

Bearbeitung: Cabochons, Glypten, selten Facettenschliff.

Ähnliche Mineralien: Aragonit.

Imitationen: Sind nicht bekannt.

Identifikation: Härte, Spaltbarkeit, reagiert mit Säuren.

Empfehlung: Weich, spröde, vor Säuren und Waschpulver schützen.

Geschliffener Calcit mit starker Doppelbrechung, 85 ct. Tunguska-Gebiet. Rußland.

CUPRIT

Cu_2O

Name von lateinisch „cuprum" – Kupfer.

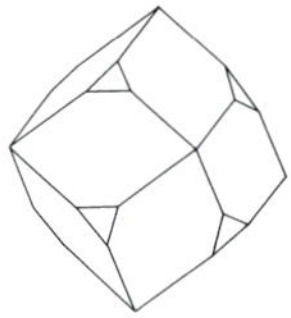

Farbe: Braunrot, rotschwarz, karminrot, rot, schwarz • **Transparenz:** Durchsichtig, durchscheinend, undurchsichtig • **Glanz:** Diamantglanz, halbmetallisch bis matt • **Bruch:** Muschelig, uneben • **Spaltbarkeit:** (111) unvollkommen • **Härte:** 3,5–4, spröde • **Strichfarbe:** Braunrot • **Dichte:** 6,15 • **Brechungsindex:** 2,848 • **Doppelbrechung:** Keine • **Dispersion:** Keine • **Pleochroismus:** Fehlt • **Lumineszenz:** Keine • **Chemismus:** Färbung durch Cu • **Besondere Merkmale:** Keine • **Veredelung:** Ist nicht bekannt.

Geschichte: Cuprit hat als Edelstein eher die Bedeutung einer Sammlerrarität. Vereinzelt treten geschliffene Steine bis zu 300 ct auf. Das Rohmaterial ist in größeren Stücken nur wenig durchsichtig. Aus Stückcupriten, die in blaues oder grünes Sekundärkupfer eingewachsen sind, werden sehr attraktive Cabochons geschliffen.
Genese: Oxidationszonen der Kupferlagerstätten.
Vorkommen: Bedeutende Vorkommen befinden sich in den USA in Arizona (Bisbee, Kristalle bis zu 3 cm) und New Mexico (rote Kristalle), weitere in Chile, Peru und Australien. Die vielleicht schönsten Steine stammen aus Namibia, von Tsumeb und vor allem Onganja (bis zu 3 kg schwere Cuprite). Cuprite, die die Größe von 5–10 cm erreichen, sind durchsichtig und haben Edelsteinqualität. Schöne Kristalle wurden auch in Ungarn (Rudabanya) gefunden. Im American Museum of Natural History in New York liegt ein geschliffener Stein von 172 ct aus Namibia. Die Smithsonian Institution in Washington besitzt einen geschliffenen Stein mit einem Gewicht von 203,75 ct.
Bearbeitung: Facettenschliff, Cabochons.
Ähnliche Mineralien: Cinnabarit, Pyrargyrit, Proustit.
Identifikation: Härte, Dichte, optisch.
Empfehlung: Wärmeempfindlich, schmilzt in der Flamme; mit Seifenwasser reinigen, weder mit Ultraschall noch mit Dampf; die Oberfläche oxidiert im Lauf der Zeit und überzieht sich mit einer undurchsichtigen Schicht.

Cupritkristall, Breite 18 mm. Mashamba West, Zaire.

SPHALERIT

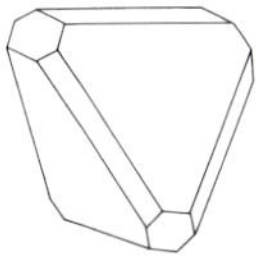

ZnS

Die Benennung stammt vom griechischen „sphaleros“ – trügerisch.

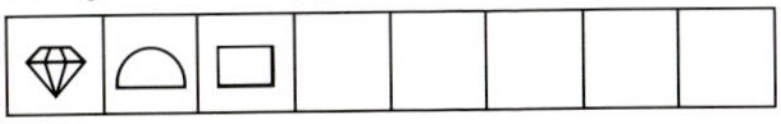

Geschichte: Als Edelstein beliebt, hat jedoch nur als Sammlerrarität Bedeutung.
Genese: Magmatite, hydrothermal, Sedimente.
Vorkommen: Sphalerit ist von zahlreichen Lokalitäten in den USA her bekannt (aus Nevada, Montana, Utah und Ohio – Tiffin, rubinrote Kristalle), aber auch aus Mexiko, Zaire, Deutschland und Rumänien. In Spanien (Picos de Europa) findet man gelbe bis rote Kristalle, die derzeit die besten Rohstoffe für den Facettenschliff liefern. Ähnliches Material, auch graugrüne Steine, kommt neuerdings aus Kasachstan (Dscheskasgan).
Bearbeitung: Facettenschliff, Cabochons.
Ähnliche Mineralien: Kassiterit, Spessartin.
Imitationen: Synthetischer Sphalerit.
Identifikation: Härte, Dichte, optisch.
Empfehlung: Wärmeempfindlich, mit Seifenwasser reinigen, nie mit Ultraschall oder Dampf, durch Temperaturschwankungen zerspringt das Mineral; sehr spaltbar und spröde.

Farbe: Hell- bis dunkelbraun, gelb, grün, schwarz, orange, selten farblos • **Transparenz:** Durchsichtig (Klejophan) bis undurchsichtig (Marmatit) • **Glanz:** Diamantglanz, Glasglanz, Fettglanz • **Bruch:** Uneben • **Spaltbarkeit:** (110) höchst vollkommen • **Härte:** 3,5–4, spröde • **Strichfarbe:** Hellbraun • **Dichte:** 3,9–4,1 • **Brechungsindex:** 2,37–2,43 • **Doppelbrechung:** Ja • **Dispersion:** 0,156 • **Pleochroismus:** Fehlt • **Lumineszenz:** Gelborange • **Chemismus:** Beimischungen unter anderem von Cd, Fe und In • **Besondere Merkmale:** Keine • **Veredelung:** Ist nicht bekannt.

Verschiedenfarbige Sphalerite, größter geschliffener Stein 25 ct. Dscheskasgan, Kasachstan.

Sphalerit-Anschliff mit Galenit. Olkusz, Polen.

AZURIT

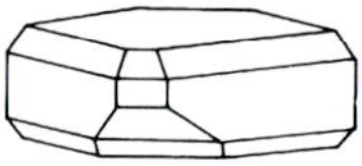

$Cu_3[(OH)(CO_3)]_2$

Name nach dem persischen Wort „lazhward" – blau.

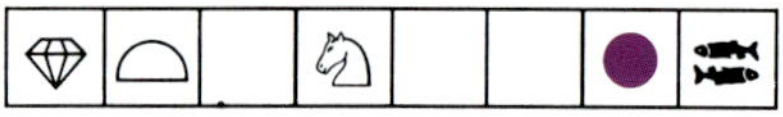

Geschichte: Kommt seltener als Edelstein vor, wurde aber pulverisiert schon früh zur Herstellung von Farbstoffen verwendet.
Astrologie: Fische.
Chakra: Stirn.
Wirkung auf den Körper: Kräftigt das Gedächtnis und verstärkt das Konzentrationsvermögen, fördert die Heilung von Wunden.
Pflege des Steins: In lauwarmem Wasser entladen.
Genese: Oxidationszonen der Kupferlagerstätten.
Vorkommen: Schöne Azurite sind in den USA, in Arizona (Azuromalachit-Konkretionen), Utah und New Mexico zu finden. Zahlreiche Lagerstätten sind aus Chile, Australien und Zaire (Azuromalachite aus der Provinz Shaba) bekannt. Schöne Kristalle stammen aus Marokko, Kenia und Namibia (bis zu 20 cm große Kristalle). Ebenso kommt Azurit in Rußland (Ural), Deutschland, Ungarn, der Slowakei, Frankreich, Griechenland und Rumänien vor. Facettiert geschliffene Steine wiegen nicht mehr als einige Karat. Größere Stücke des Rohmaterials sind undurchsichtig.
Bearbeitung: Cabochons, Miniaturglypten, Facettenschliff nur in Ausnahmefällen.
Ähnliche Mineralien: Vivianit, Lasurit, Haüyn, Dumortierit.
Imitationen: Glas.

Farbe: Hell- bis dunkelazurblau, blauviolett • **Transparenz:** Durchscheinend, undurchsichtig • **Glanz:** Glasglanz • **Bruch:** Uneben • **Spaltbarkeit:** (100) unvollkommen • **Härte:** 3,5–4, spröde • **Strichfarbe:** Hellblau • **Dichte:** 3,77 • **Brechungsindex:** N_p 1,730, N_m 1,758, N_g 1,838 • **Doppelbrechung:** 0,110 • **Dispersion:** Ist wahrnehmbar • **Pleochroismus:** Markant in blauen Tönen • **Lumineszenz:** Keine • **Chemismus:** Färbung durch Cu • **Besondere Merkmale:** Keine • **Veredelung:** Imprägnieren mit Paraffin oder Epoxidharzen.

Azuromalachit, Arizona, USA.

Identifikation: Härte, Dichte, optisch.
Empfehlung: Weich, spröde, wärmeempfindlich.

Azurit, Breite 11 mm. Morenci, Arizona, USA.

CHRYSOKOLL

$(Cu,Al,Fe)_4H_4[(OH)_8(Si_4O_{10})]\cdot nH_2O$

Benennung nach griechisch „chrysos" – Gold und „kolla" – Leim.

Geschichte: Wird schon von Theophrast erwähnt.
Astrologie: Zwillinge.
Chakra: Herz.
Wirkung auf den Körper: Verhindert Geschwürbildungen, lindert Krämpfe.
Pflege des Steins: In lauwarmem Wasser entladen.
Genese: Oxidationszonen der Kupferlagerstätten.
Vorkommen: Ist in der Natur häufig, eignet sich aber nur selten als Edelstein. Bedeutende Konzentrationen befinden sich in den USA, in den Staaten Nevada, New Mexico, Arizona, Idaho und Kalifornien. Chrysokoll lagert auch in Mexiko, Chile, Peru und Kanada. Schöne Steine liefern Israel (Eilat), die Republik Südafrika, Zaire, Simbabwe und Rußland (Ural), Kasachstan und Moldawien, Deutschland, England, Rumänien und Frankreich.
Bearbeitung: Selten Facettenschliff, Cabochons, Miniaturglypten.
Ähnliche Mineralien: Shattuckit, Türkis.
Imitationen: Sind nicht bekannt.
Identifikation: Härte, Dichte, optisch.
Empfehlung: Wärmeempfindlich, in Seifenwasser reinigen, reagiert mit Säuren.

Chrysokoll-Anschliff mit lauterem Kupfer, Arizona, USA.

Farbe: Grünblau bis blau, auch smaragdgrün, türkisblau • **Transparenz:** Durchscheinend, undurchsichtig • **Glanz:** Glasglanz, matt • **Bruch:** Muschelig • **Spaltbarkeit:** Keine • **Härte:** 2–4 (in Durchwachsungen mit Quarz bis 6) • **Strichfarbe:** Hellgrün • **Dichte:** 2,0–2,45 • **Brechungsindex:** N_p 1,575–1,585, N_m 1,597, N_g 1,598 bis 1,635 • **Doppelbrechung:** -0,023 bis -0,040 • **Dispersion:** Keine • **Pleochroismus:** Schwach • **Lumineszenz:** Keine • **Chemismus:** Beimischungen von Al, Fe • **Besondere Merkmale:** Oft mit Quarz imprägniert • **Veredelung:** Imprägnieren mit Paraffin oder Epoxid.

Chrysokoll, Breite 22 mm. Gila Co., Arizona, USA.

BERNSTEIN

Je nach seinem Vorkommen trägt dieses Harzgemisch verschiedene Lokalbezeichnungen.

Geschichte: Aus archäologischen Funden (Amuletten in alten Grabstätten)geht hervor, daß die Menschen Bernstein schon seit dem Paläolithikum kennen. In der Steinzeit diente er sogar als Zahlungsmittel. Großer Beliebtheit erfreute sich Bernstein auch in Griechenland. Ihm wurde Heilkraft zugeschrieben, die bei der Behandlung von Ohrenleiden, Augen-, Magen- und Zahnleiden zur Geltung kam, und er schützte vor Rheumatismus. Man verabreichte ihn zu Pulver zerstoßen und mit Öl oder Wasser vermischt. Wenn Bernstein brennt, riecht er angenehm und war deshalb seit alters her Bestandteil aromatisch duftender Gemische.
Astrologie: Löwe.
Chakra: Nabel.
Wirkung auf den Körper: Kommt bei Erkrankungen der Harnblase, Magenbeschwerden und auch bei Bronchitis zur Geltung.
Pflege des Steins: In lauwarmem Wasser entladen.
Genese: Fossilisation von Baumharzen.
Vorkommen: Bernstein kommt in allen Teilen der Welt vor. Am bekanntesten ist die sogenannte „Bernsteinprovinz" an der Ostsee. Sie ist 2000 km lang und 500 km breit. Hier wird Bernstein schon seit historischer Zeit gewonnen. Einzelne Knollen waren bis zu 10 kg schwer. Die Vorkommen liegen in Deutschland, Dänemark, Polen, Litauen, Lettland und Rußland. Bernstein kennt man auch auf der Arabischen Halbinsel, er stammt aus der Kreidezeit. Die Bernsteine von Birma (Birmit) sind weinfarben gelb, rot, selten auch grün und blau. Ebenso wird Bernstein in China (Retinit), Syrien, im Libanon, in Japan, Thailand, Vietnam und Malaysia gefunden. Auf dem amerikanischen Kontinent kommt er in Kanada (Cedarit) und in den USA in den Staaten Maryland, Washington und Alaska („arktische Bernsteine") vor, auch in Mexiko, in der Dominikanischen Republik (ein bedeutender Produzent auch blauer Bernsteine) und

Farbe: Honiggelb, orange, gelbweiß, hyazinthrot, selten blau, grünlich und schwarz • **Transparenz:** Durchsichtig, durchscheinend, undurchsichtig • **Glanz:** Fettglanz, matt • **Bruch:** Muschelig • **Spaltbarkeit:** Keine • **Härte:** 2–2,5 • **Strichfarbe:** Weiß • **Dichte:** 1,05–1,096 • **Brechungsindex:** 1,537–1,545 • **Doppelbrechung:** Keine • **Dispersion:** Keine • **Pleochroismus:** Fehlt • **Lumineszenz:** Bläulich, gelb • **Chemismus:** Die Farbigkeit wird von den freien Elektronen der organischen Moleküle beeinflußt; bläuliche Färbung beruht auf einer starken Fluoreszenz • **Besondere Merkmale:** Lädt sich durch Reibung elektrostatisch auf • **Veredelung:** Erhitzen in Öl, Pressen unter Wärmeeinwirkung.

Detail von Insekten, die in Bernstein eingeschlossen sind, Breite 25 mm. Kolumbien.

Angeschliffene Bernsteinknolle, Breite 45 mm. Kolumbien. Die Kette besteht aus Ostseebernstein von Polen.

Argentinien (in Patagonien Ambrit). In Grönland (Schraufit), Neuseeland (Kauri), auf den Fidschi-Inseln und auf Vanuatu (früher: Neue Hebriden) tritt er gleichfalls auf. In Afrika ist Bernstein unter anderem aus der Republik Südafrika, Guinea, Simbabwe, aus Sierra Leone, Ghana, Angola, Zaire, Nigeria und von Madagaskar bekannt. Rußland, die Ukraine, Armenien und Aserbaidschan haben ebenfalls zahlreiche Lagerstätten. Seltener ist Bernstein in Ungarn (Ajkait) und Rumänien (Rumenit). Er kommt auch in der Tschechischen Republik vor (Valchovit, Neudorfit), in Spanien (roter Retitit), Polen (Kopalit), England, Italien (Simetit von Sizilien), in Tansania und Moçambique.
Zahlreiche historische Schmuck- und Ziergegenstände sind aus Bernstein gefertigt. Am bekanntesten ist aber wohl das sogenannte „Bernsteinzimmer", das 1701–1709 in Preußen hergestellt, 1716 dem russischen Zaren Peter I. geschenkt und 1755 in die Zarenresidenz überführt wurde. Während des zweiten Weltkriegs wurde es nach Kaliningrad verlegt und ist seit dieser Zeit verschollen.

Bearbeitung: Cabochons, Kugeln, selten Facettenschliff, Ziergegenstände, Galanterieartikel.

Ähnliche Mineralien: Keine.

Imitationen: Bakelit, Zelluloid, Epoxid, gepreßter Bernstein (Ambroid), Kopal.

Identifikation: Charakteristische Farbe und Gewicht.

Empfehlung: Sehr wärmeempfindlich, brennbar, reagiert mit Chemikalien (Säuren, Isopropylen, Alkohol), altert mit fortschreitender Zeit und verliert an Glanz; muß vor Schweiß und Sonnenlicht geschützt werden.

AGALMATOLITH

(Varietät des Pyrophyllits)

$Al_2[(OH)_2(Si_4O_{10})]$

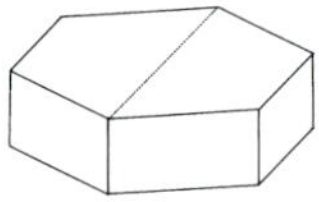

Benennung nach griechisch „agalma" – Bild und „lithos" – Stein.

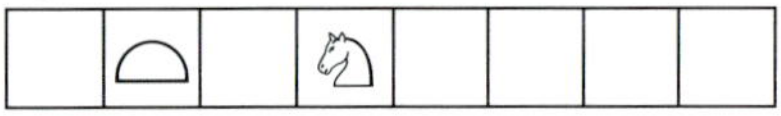

Geschichte: Der Agalmatolith wird seit alters her als Edelstein leicht bearbeitet. Er war schon den Ägyptern, Römern und Chinesen bekannt (in China ist er bis heute beliebt).
Genese: Hydrothermal, metamorphe Gesteine.
Vorkommen: Einige der größten Lagerstätten befinden sich in China und Tibet (auch große Blöcke). Hier wird der Stein bis heute gefördert. Andere Vorkommen liegen in Japan, Südkorea und der Mongolei, weitere in den USA (Kalifornien und Georgia), in Brasilien, der Republik Südafrika, Rußland, Usbekistan und der Ukraine. Geringere Funde werden in Deutschland, Finnland, England und Schottland verzeichnet.
Bearbeitung: Schmuckgegenstände, Glypten, Souvenirs.

Farbe: Weiß, grau, gelb, grünlich, graugrün, rotbraun • **Transparenz:** Durchscheinend • **Glanz:** Glasglanz, Perlmutterglanz • **Bruch:** Uneben • **Spaltbarkeit:** (001) höchst vollkommen • **Härte:** 1–2,0 • **Strichfarbe:** Weiß • **Dichte:** 2,65–2,90 • **Brechungsindex:** N_p 1,534–1,556, N_m 1,586–1,589, N_g 1,596 bis 1,601 • **Doppelbrechung:** 0,050 • **Dispersion:** Schwach • **Pleochroismus:** Undeutlich • **Lumineszenz:** Sehr schwach braunweiß, weiß, gelb, orange • **Chemismus:** Beimischung von Cr (sattgrüne Farbe) • **Besondere Merkmale:** Fühlt sich fettig an • **Veredelung:** Ist nicht bekannt.

Ähnliche Mineralien: Speckstein.
Imitationen: Speckstein.
Identifikation: Härte.
Empfehlung: Mit Wasser reinigen; weich, vor Abrieb schützen.

Ziergegenstände aus Agalmatolith. Die Dose ist 60 mm breit. Indien.

ULEXIT

$NaCa[(B_5O_6)(OH)_6]\cdot 5H_2O$

Benennung nach dem deutschen Chemiker G. L. Ulex (1811–1883).

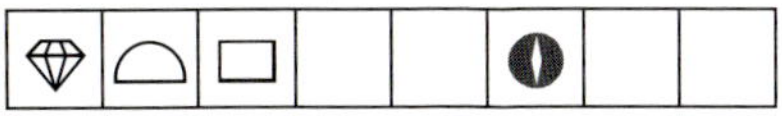

Geschichte: Wird als Edelstein nur lokal und in geringem Maße bearbeitet. Infolge seines Aufbaus aus Parallelfasern verhält er sich als optischer Leiter und wird deshalb auch „TV Stone" (Televisionsstein) genannt.
Genese: Sedimente.
Vorkommen: Ulexit ist vor allem aus den USA, und zwar aus Kalifornien bekannt, wo seine faserigen Aggregate bis zu 10 cm Länge erreichen. Er kommt auch in Utah, Nevada, Oregon und Texas vor, unter anderem ebenso in Kanada, Peru (Umgebung von Arequipa), Argentinien (Tres Mares), Chile, Kasachstan (Inder-See), der Türkei (Emet) und Italien.

Farbe: Farblos, weiß • **Transparenz:** Durchsichtig, durchscheinend • **Glanz:** Glasglanz • **Bruch:** Keiner • **Spaltbarkeit:** (010) höchst vollkommen • **Härte:** 2,5, spröde • **Strichfarbe:** Weiß • **Dichte:** 1,65–1,95 • **Brechungsindex:** N_p 1,496, N_m 1,505, N_g 1,519 • **Doppelbrechung:** 0,023 • **Dispersion:** Keine • **Pleochroismus:** Fehlt • **Lumineszenz:** Blau, grün • **Chemismus:** Nicht bekannt • **Besondere Merkmale:** Katzenaugeneffekt • **Veredelung:** Nicht bekannt.

Bearbeitung: Cabochons, Tafelschliff, selten Facettenschliff.
Ähnliche Mineralien: Colemanit, Selenit.
Imitationen: Keine.
Identifikation: Härte, Dichte, optisch.
Empfehlung: Wärmeempfindlich, in kaltem Wasser reinigen, kein Seifenwasser verwenden.

Ulexit, Steingröße 50 mm. Utah, USA.

GIPS

$Ca[SO_4]\cdot 2H_2O$

Name nach griechisch „gypsos" – Gips.

Farbe: Farblos, weiß, grau, blau, gelb, braun, schwach rosa • **Transparenz:** Durchsichtig, durchscheinend • **Glanz:** Glasglanz, Perlmutterglanz • **Bruch:** Uneben • **Spaltbarkeit:** (010) höchst vollkommen, ist geschmeidig • **Härte:** 1,5–2 • **Strichfarbe:** Weiß • **Dichte:** 2,3–2,33 • **Brechungsindex:** N_p 1,521, N_m 1,523, N_g 1,531 • **Doppelbrechung:** 0,010 • **Dispersion:** 0,033 • **Pleochroismus:** Fehlt • **Lumineszenz:** Manchmal braun, gelb, grün • **Chemismus:** Ist nicht bekannt • **Besondere Merkmale:** Die feinkörnige Varietät heißt „Alabaster", die faserige Varietät, die Katzenaugeneffekt aufweist, „Selenit" • **Veredelung:** Färben, Imprägnieren.

Geschichte: Alabasterstatuetten kennen wir schon aus Ägypten.
Genese: Sedimente, hypergen, hydrothermal.
Vorkommen: Es handelt sich um einen bedeutenden mineralischen Rohstoff, der auch als Edelstein genutzt und verarbeitet wird. Die wohl hochwertigsten Gipskristalle wurden in Mexiko (Naica; klare, bis zu 1,3 m große Kristalle) gefunden. Ebenso lagert Gips in den USA (in Kansas, Colorado, New Mexico) und in Chile (Braden, wo angeblich ein 3 x 0,1 m großer Kristall entdeckt wurde). Desgleichen kommt Gips in Kanada, Rußland, Kasachstan, Marokko, Tunesien und Algerien („Sahara-Rose") vor. Schöne Kristalle werden unter anderem in Deutschland (Eisleben), Frankreich, Italien, Rumänien (Baia Sprie), Österreich und Polen gefunden. Selenite birgt der Ural in Rußland; in der Umgebung von Kungur sind sie

Ziergegenstände aus Selenit, der faserigen Varietät des Gipses. Das Figürchen ist 75 mm hoch. Moderne russische Arbeit.

Druse aus Gipskristallen, Breite 12 mm. Mexiko.

Feinkörniger Gips-Anschliff, Rottleben, BRD.

durchsichtig bis durchscheinend, weiß und auch orange, manchmal rosa.
Bearbeitung: Cabochons und Ziergegenstände.
Ähnliche Mineralien: Anhydrit, Celestin.
Imitationen: Sind nicht bekannt.
Identifikation: Härte.
Empfehlung: Mit Seifenwasser reinigen, wärmeempfindlich, reagiert mit Säuren.

166

PERLEN

$CaCO_3$

3

Name von lateinisch „perula".

Geschichte: Obwohl sie innerhalb von 100–150 Jahren altern (dann blättert die Perlmutter ab), hat man z.B. in Pompeji Perlen aus dem Jahr 79 v. Chr. gefunden. Es ist anzunehmen, daß die Menschen Perlen schon seit 6000 Jahren kennen. Perlen waren den Ägyptern vertraut und traten auch bei Ausgrabungen in Mexiko zutage (sie stammten von 2500 v. Chr.). In Indien haben sie Talismanbedeutung. Nach Überzeugung der Mongolen steigerte Perlenabsud die Manneskraft. Den Frauen sollten Perlen schöne Träume bringen. Die Chinesen verwendeten Perlen zur Heilbehandlung, die Römer betrachteten sie als Symbol der Macht, der Weisheit und des Glücks.
Astrologie: Zwillinge.
Chakra: Kehle.
Wirkung auf den Körper: Hilft bei Entzündungen der Atemorgane.
Pflege der Steine: In kaltem Wasser entladen.
Genese: Tierischen Ursprungs (von Muscheln und Schnecken), im Meer- und Süßwasser.
Vorkommen: Die meisten Perlen stammen aus Zuchtfarmen. In der Natur kommen sie um Sri Lanka vor, bei Südindien (im Golf von Mannar), im Persischen Golf (Saudi-Arabien, Iran, Oman) und im Roten Meer (über 2500 Jahre bekannt). Perlmu-

Farbe: Weiß mit verschiedenfarbigen Tönungen (die höchste Qualität ist rosa oder bläulich), bekannt sind auch silberne und goldfarbene (Panama-Perlen), grüne, schwarze, und regenbogenfarbene Perlen • **Transparenz:** Durchscheinend, durchsichtig • **Glanz:** Fettglanz, Perlmutterglanz • **Bruch:** Muschelig • **Spaltbarkeit:** Keine • **Härte:** 3 bis 4 • **Strichfarbe:** Weiß • **Dichte:** 2,60–2,78 (bei Muscheln), 2,85 (bei Schnecken) • **Brechungsindex:** 1,52–1,66 (schwarze Perlen 1,53–1,69) • **Doppelbrechung:** -0,126 • **Dispersion:** Keine • **Pleochroismus:** Fehlt • **Lumineszenz:** Bläulich, gelblich, rosa • **Chemismus:** 82–86 % Aragonit ($CaCO_3$), 10–14 % Conchyn (Horn-, also organische Substanz) und 2 % Wasser • **Besondere Merkmale:** Perlmutterglanz • **Veredelung:** Färben, Bestrahlen, Erhitzen.

Detail der versteinerten Perlmutterschicht eines Ammoniten aus dem Mesozoikum, sogenannter „Ammolith".

Schmuck aus Zuchtperlen.

scheln wachsen auch um Tahiti und an den Küsten Japans, Mexikos, Panamas und Kaliforniens. Die Perlmuschel *Pinctada maxima* hat einen Durchmesser von 30 cm und wiegt 5,5 kg, sie tritt an der Nord- und Westküste Australiens auf. Die größte Perlmuschel ist *Tridacna gigas* mit einem Durchmesser von 1 m und einem Gewicht von 225 kg. Weniger bekannt sind die Süßwasserperlen aus dem Mississippi und die historischen Funde aus Deutschland und Böhmen.

Bearbeitung: In ihrer natürlichen Form für Geschmeide. Bearbeitung durch Schneiden und Bohren.

Ähnliche Mineralien: Keine.

Imitationen: Glas, Perlmutter.

Identifikation: Chemisch, mit Röntgenstrahlen und Spezialhilfsmitteln.

Empfehlung: Wärmeempfindlich, weder mit Ultraschall noch mit Dampf reinigen, nur mit lauwarmem Seifenwasser. Perlen reagieren mit Säuren, sie können durch Kosmetika und Hautschweiß Schaden erleiden.

Verschiedene Formen und Farben von Perlen. Die schwarze Perle ist 12 mm groß.

Goldener Ring mit verschiedenfarbigen Perlen; eine Arbeit von Karl Valter, Genf, Schweiz.

KORALLE

$CaCO_3$

Benennung nach lateinisch „corallium“ bzw. griechisch „korallion“.

Geschichte: Sie wurden schon bei Ausgrabungen aus dem Neolithikum gefunden. Korallen waren in Ägypten beliebt und ebenso den Kelten bekannt. Keltischen Ursprungs ist wohl auch die Bezeichnung. Im Mittelalter verwendete man Korallen zur Behandlung von Augenleiden.
Astrologie: Skorpion.
Chakra: Elementarchakra.
Wirkung auf den Körper: Stärkt den Intellekt, wirkt günstig auf das Urogenitalsystem.
Pflege des Steins: In kaltem Wasser entladen.
Genese: Meerespolypen mit Außenskelett, bestehend aus Calcit, die in Tiefen von 3–200 m Kolonien bilden.

Goldene Brosche mit Korallen, Diamanten und Moldaviten; eine Arbeit von Gilbert Albert, Genf, Schweiz.

Farbe: Rot (sogenanntes „Oxblood“ oder „Morro“), rosa („Momo-Koralle“ von Taiwan, lachsfarben), selten weiß, bläulich und schwarz; selten auch rosaweiße Korallen („gesprenkelte Korallen“ stammen aus einer Tiefe von 200 m); eine besondere Stellung nehmen silbrig-perlmutterfarbene Korallen ein („Engelskorallen“) • **Transparenz:** Undurchsichtig • **Glanz:** Matt (im Rohzustand), Glasglanz (poliert) • **Bruch:** Splittrig, hakig • **Spaltbarkeit:** Keine • **Härte:** 3–4 • **Strichfarbe:** Weiß • **Dichte:** 2,6–2,7, schwarze nur 1,34–1,36 • **Brechungsindex:** 1,486–1,658 • **Doppelbrechung:** -0,160 bis -0,172 • **Dispersion:** Keine • **Pleochroismus:** Fehlt • **Lumineszenz:** Hellviolett bis dunkelpurpur • **Chemismus:** Beimischungen von $CaSO_3$, Na_2SO_3, K_2SO_3, $MgCl_2$, J • **Besondere Merkmale:** Keine • **Veredelung:** Imprägnieren, Erhitzen, Färben.

Vorkommen: Derzeit sind etwa 6000 Korallenarten bekannt. Stellenweise bilden sie große Kolonien – Bänke und Riffe (z.B. das 2300 km lange Große Barriereriff an der Küste Australiens). Korallen wachsen in allen warmen und sauberen Meeren und Ozeanen. In historischer Zeit kamen sie ebenfalls im Mittelmeer vor (bei Tunesien, Algerien, Italien, den Inseln Korsika, Sardinien und Sizilien). Hier treten meistens ihre roten und orangeroten Formen auf. Korallen findet man gleichfalls im Golf von Biskaya (Frankreich und Spanien). Aus dem Japanischen Meer sind weiße Korallen bekannt, an der Küste von Taiwan sind sie lachsrot. Rosafarbene Korallen wachsen bei der Insel Midway im Stillen Ozean, schwarze Arten bei den Hawaii-Inseln. Berühmt sind die Korallen des Roten Meers und des Indischen Ozeans. Sie treten unter anderem bei den Inseln Sokotra und Mauritius auf, ebenso die schwarzen Korallen (Akabare). Akabare sind bis zu 3 m lang und haben einen Durchmesser von 25 cm. Diese Art lebt auch im Südchinesischen Meer und an der Küste von Kuba.
An der Küste von Kamerun wurden blaue Korallen (Akosi) entdeckt, die vielleicht seltenste Korallenart. Blaue Korallen werden auch von der Insel Funafuti (Atoll im Stillen Ozean) beschrieben. In neuerer Zeit fand man im nördlichen

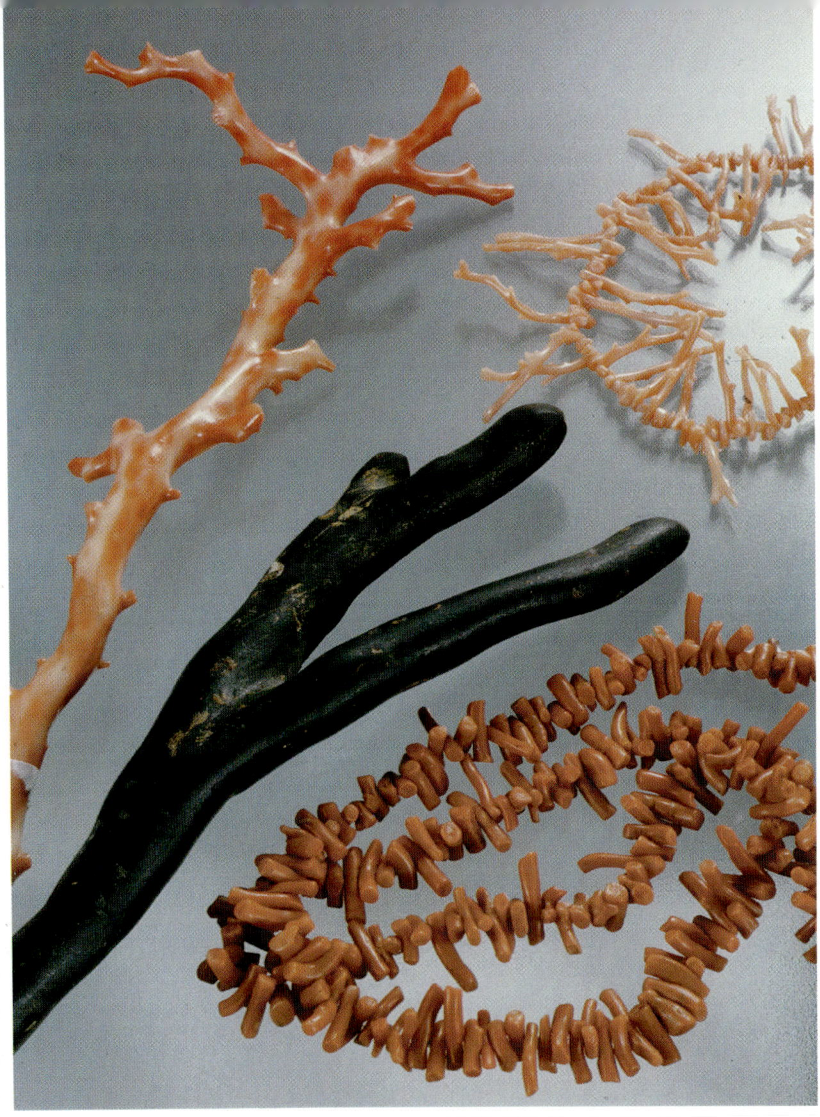

Bunte Korallen von verschiedenen Fundorten.

Pazifik bei den Aleuten und bei Alaska gelbbraune Korallen.

Bearbeitung: Cabochons, Kugeln und gebohrte Zuschnittstücke oder im Naturzustand. Aus Korallen werden auch Skulpturen und kleine Ziergegenstände hergestellt.

Ähnliche Mineralien: Keine.

Imitationen: Porzellan, Zelluloid, Plastikmaterialien, Glas, in neuerer Zeit auch „gepreßte Korallen" (aus Korallensplitt hergestellt).

Identifikation: Härte.

Empfehlung: Hitzeempfindlich, mit Seifenwasser reinigen, reagiert mit Säuren, empfindlich gegenüber Kosmetika und Hautschweiß. Durch Alterung verblassen Korallen, die Farben lassen sich durch kurzes Eintauchen in Wasserstoffperoxid wiederbeleben.

PLATIN

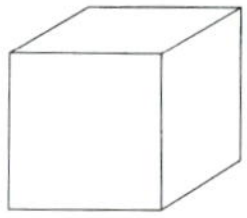

Pt

Die spanische Bezeichnung „plata" („Silber") erhielt das Metall irrtümlicherweise, da man es zunächst für Silber hielt.

Farbe: Silbrigweiß, stahlgrau • **Transparenz:** Undurchsichtig • **Glanz:** Metallglanz • **Bruch:** Hakig, zackig • **Spaltbarkeit:** Keine • **Härte:** 4–4,5 • **Strichfarbe:** Stahlgrau, silbrigweiß • **Dichte:** 14–49 (pures Platin 21,5) • **Brechungsindex:** Keiner • **Doppelbrechung:** Keine • **Dispersion:** Keine • **Pleochroismus:** Fehlt • **Lumineszenz:** Keine • **Chemismus:** Enthält immer Beimischungen eines anderen Elements – Fe, Ir, Os, Pd, Rh, Ni, Ru, Cu, Au • **Besondere Merkmale:** Schmiedbarkeit, elektrische Leitfähigkeit • **Veredelung:** Durch Beigabe anderer Metalle verändern sich die Eigenschaften.

Geschichte: Platin ist schon seit 4000 Jahren bekannt, seinen Wert stellte man aber erst in jüngerer Zeit fest. Die ersten historischen Platinfunde stammen aus den Gräbern der ägyptischen Pharaonen der 12. Dynastie (ca. 2000 Jahre v. Chr.). Auch den Indianern Südamerikas war Platin vertraut, noch bevor Kolumbus hier landete. In Rußland prägte man in den Jahren 1828–1844 sogar Münzen aus Platin, deren Wert noch recht gering war. Heute gehört Platin zu den teuersten Edelmetallen.

Chakra: Stirn.

Wirkung auf den Körper: Unterstützt die Denkfähigkeit, lindert Kopf- und Ohrenschmerzen .

Pflege des Metalls: In lauwarmem Wasser entladen, im Sonnenlicht aufladen.

Genese: Ultrabasische Gesteine.

Vorkommen: Platin ist in der Natur selten, es kommt nur an einigen Lokalitäten vor. Kleine Lagerstätten befinden sich in den USA, und zwar in Alaska und Nevada. Größere Nuggets wurden im Trinity River in Kalifornien gefunden. Platin kommt auch in Kanada (Provinz Ontario) vor. Seit alters her wird es in Kolumbien gefördert, in Ecuador tritt es auf, in geringen Mengen in Brasilien, ebenso in Australien, Neuseeland und Indonesien (Borneo und Sumatra). Größere Lagerstätten hat Afrika, besonders Äthiopien (Jubdo). Ein bedeutender Platinproduzent ist derzeit die Republik Südafrika. Das Metall wird hier im Bushveld gefördert, die Lagerstätten erstrecken sich bis in das Gebiet von Simbabwe. Auch in Burundi wurde Platin gefunden. In Rußland hat die Platingewinnung lange Tradition. Die Lagerstätten in der Umgebung von Nischni Tagil (Ural) werden seit 1825 genutzt, neuere bedeutende Vorkommen verzeichnet Sibirien (Norilsk). In Europa lagert Platin in kleinen Mengen in Finnland, Portugal und Frankreich.

Platinnugget, Breite 50 mm, Gewicht 84,80 g. Nischni Tagil. Rußland.

Verwachsung von Platinkristallen, Breite 4 mm. Ajano-Majskij, Chabarowsk, Rußland.

Meist bildet Platin kleine Nuggets. Vereinzelt wurden aber schon größere Klumpen bis zu 10 kg Gewicht gefunden (Newjansk im Ural, Rußland). Der bisher wohl schwerste Brocken wurde 1912 entdeckt, er wog 16 kg.

Bearbeitung: Im Goldschmiedehandwerk (Reinheit 950/1000). Es wird auch mit Pd, Os und Ir legiert.
Ähnliche Metalle: Silber.
Imitationen: Sonstige Metalle.
Identifikation: Dichte, Härte.
Empfehlung: Sehr beständig und widerstandsfähig.

172

3

GOLD

Au

Die Benennung geht aus einem indoeuropäischen Wort hervor.

						●	

Farbe: Goldgelb, gelbweiß • **Transparenz:** Undurchsichtig, in schwachen Schichten blaugrün durchscheinend • **Glanz:** Metallglanz • **Bruch:** Hakig, zackig • **Spaltbarkeit:** Keine • **Härte:** 2,5–3, schmiedbar • **Strichfarbe:** Gelb und glänzend • **Dichte:** 19,28 • **Brechungsindex:** Keiner • **Doppelbrechung:** Keine • **Dispersion:** Keine • **Pleochroismus:** Fehlt • **Lumineszenz:** Keine • **Chemismus:** Beimischungen von Ag, Hg, Cu, Pd, Rh u.ä • **Besondere Merkmale:** Hohe Schmiedbarkeit, elektrische Leitfähigkeit • **Veredelung:** Durch Zugabe weiterer Metalle ändern sich die Eigenschaften.

Geschichte: Gold wird seit früher Zeit als Edelmetall bearbeitet. Es diente zur Herstellung von Kultgegenständen, später als Zahlungsmittel. Die ältesten Gegenstände stammen aus dem 4. Jahrtausend v. Chr. Große Bedeutung hatte das Gold bei den Sumerern und Ägyptern, aber auch in der Antike und bei den Azteken, Inkas und Mayas. Seine Bedeutung bewahrte es bis heute, immer noch ist es Maßstab für Macht und Wert. Die modernen Technologien haben einen großen Bedarf an Gold.

Goldbleche, Höhe 62 mm. Tuolomne Co., Kalifornien, USA.

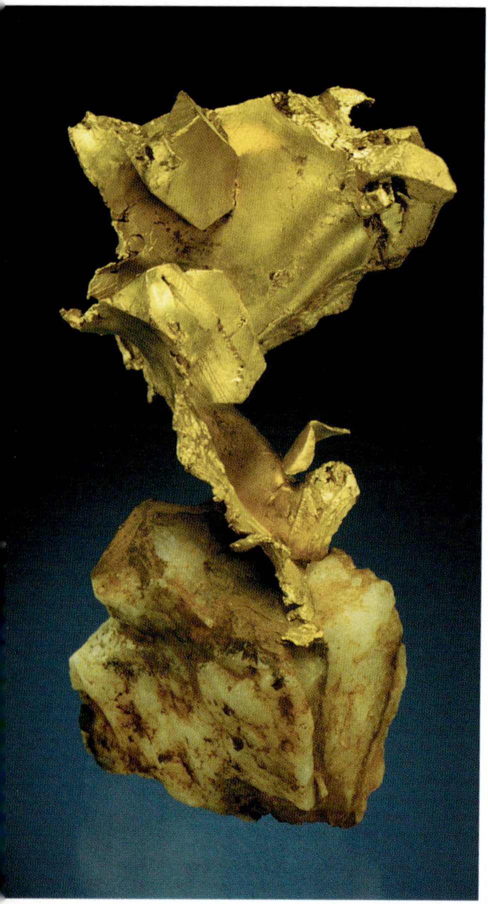

Chakra: Nabel.

Wirkung auf den Körper: Verzögert den Alterungsprozeß, mildert Depressionen.

Pflege des Metalls: In lauwarmem Wasser entladen, im Sonnenlicht aufladen.

Genese: Hydrothermal, Seifen, hat sich auch in Oxidationszonen gebildet (hypergen).

Vorkommen: Gold ist ein seltener, dennoch weltweit verbreiteter Bodenschatz, seine Förderung und Bedeutung waren jedoch zu allen Zeiten gleich. Historisch bekannte Lagerstätten befinden sich in Indien, in der Umgebung von Kolar. Heute liegen die Minen in über 3000 m Tiefe. In Japan wird es in der Umgebung von Oguchi und Kagosmimy abgebaut. Bedeutende Vorkommen sind auf den Pilippinen (Insel Luzon) und auf Neuguinea (Bulolo-Fluß) zu verzeichnen. Im Stillen Ozean wird Gold auf den Fidschi-Inseln, Neuseeland und vor allem in Australien gewonnen. Große Goldlagerstätten befinden sich in Südaustralien (Olympic Dam), in Westaustralien (Kalgoorlie), in Victoria (alte Seifen) und in Queensland (Goldnuggets). Aus Australien stammen einige der größten Goldnuggetfunde (1872: 92,0 kg; 1869: 71,03 kg; 1857: 68,26 kg).

Auf dem amerikanischen Kontinent haben viele Länder Anteil an Gold. In der amerikanischen Geschichte nahm es eine überaus bedeutsame

Rolle ein. Gold wird in Colorado (Cripple Creek), Kalifornien (vor allem um Sacramento – hier fand man ein 35 kg schweres Nugget), Nevada (Carlin), Alaska (vor allem bei Klondike) und South Dakota (Homestake) gewonnen, ebenso in nahezu allen kanadischen Provinzen. So sind in Ontario die Lagerstätten Porcupine, Kriklade Lake und Hemlo bekannt, in Quebec sind es vor allem Bousquet und Doyon. Mexiko (El Bargueño), Salvador, die Dominikanische Republik, Chile (vor allem El Indio), Peru, Kolumbien, Brasilien und weitere Staaten zählen ebenfalls zu den Förderländern. Aus der Literatur ist ein Nugget bekannt, das 1851 in Chile gefunden wurde und 153 kg wog. Ein anderes Nugget aus Brasilien soll 62,3 kg schwer gewesen sein.

In Afrika tritt Gold in nahezu allen Ländern auf. Historisch am bekanntesten war wohl Ägypten (hier wurde Gold schon zur Zeit der Pharaonen im Gebiet von Nubien gefördert). Große Vorkommen weisen Ghana (Ashanti), Simbabwe und vor allem die Republik Südafrika auf. Dieser Staat ist heute der bedeutendste Goldproduzent der Welt. Die Goldlager sind an die Konglomerate im Gebiet von Witwatersrand gebunden. Hier werden schon seit über 100 Jahren alljährlich 700 bis 1000 t des edlen Metalls gefördert. Hier liegt auch die tiefste Grube der Welt (Carltonville), die 1975 eine Tiefe von 3840 m erreichte.

Zu den bedeutendsten Goldlieferanten gehört auch Rußland. In der Vergangenheit wurde hier

Gold, Höhe 56 mm. Eagles Nest Mine, Placer Co., Kalifornien, USA.

Goldener Ohrschmuck mit Perlen. Eine Arbeit von Karl Valter, Genf, Schweiz.

vor allem im Ural gegraben (Beresowsk, Minsk, Nischni Tagil), später und heute überwiegend in Sibirien (im Flußlauf von Kolyma und Aldan). Erhebliche Goldförderung verzeichnet Usbekistan (Kotschbulach). Aus dem Ural sind unikate Goldfunde bekannt. In der Umgebung von Miask wurden 1842 ein Nugget von 36,04 kg, im Jahr 1936 Nuggets von 14,2 und 9,4 kg entdeckt. In Mitteleuropa kommt Gold in Deutschland (Abbau früher bei Brandholz, Goldkronach und in den Schwemmsanden von Isar und Eder) und in der Tschechischen Republik vor (hat aber auch hier überwiegend historische Bedeutung). So war die Goldförderung in der Umgebung von Jílové bei Prag, bei Kasejovice, Křepice, Zlaté Hory usw. bekannt. In der Slowakei wurde Gold seit alters her unter anderem bei Kremnica (fast 1000 Jahre) und Magurka gewonnen. Gleichermaßen bekannte Lagerstätten befinden sich in Rumänien, vor allem im Gebiet des sogenannten „goldenen Ecks" mit den Lagerstätten Brad, Baia de Aries, Săcărîmb und Rosia Montana. Frankreich, Schweden und Finnland besitzen ebenfalls Gold.

Bearbeitung: Schmuck, Zierat, Vergoldungen. Das Tragen kleiner Nuggets als Anhänger oder Ohrringe ist modern. Da Gold weich ist, wird es mit anderen Metallen legiert – mit Kupfer oder

Gold, Breite 34 mm. Irish Creek, Grass Valley, Kalifornien, USA.

Stahlenmonstranz aus dem Schatz des Prager Loretos; Prager Arbeit von 1748. Sie enthält 492 Diamanten, 186 Rubine, einen Saphir, Perlen, Smaragde, Amethyste und Almandine.

Silber („Rotgold"), manchmal mit Nickel oder Palladium („Weißgold"). Der Feingehalt (Goldanteil) dieser Legierungen wird in Promille angegeben (1000/1000 = reines Gold) und wurde früher mit Karat bezeichnet (pures Gold = 24 Kt – im Unterschied zu den Edelsteinen, bei denen 1 ct das Gewicht von 0,2 g bedeutet). Für Juwelierarbeiten wird meist ein Feingehalt von 585/1000 (14 Kt), seltener von 375/1000 (8 Kt) oder auch von 750/1000 (18 Kt) verwendet. In der Vergangenheit wurden Dukaten aus Gold geprägt. Historische Dukaten waren Goldlegierungen mit einem Gewicht von 14 g (in Ägypten). Die ersten lydischen Münzen wogen ebenfalls 14 g; ihr Anteil an Gold und Silber betrug 73 : 27; in Rom prägte man Aurei mit einem Gewicht von 4,5–8,2 g.

Ähnliche Metalle: Pyrit, Kupferkies (Chalkopyrit).
Imitationen: Messing.
Identifikation: Härte, Strichfarbe, chemisch.
Empfehlung: Weich, vor Abrieb schützen.

176

3

SILBER

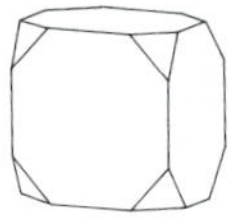

Ag

Die Benennung ist historisch (gotische Bezeichnung „silbur"). Der lateinische Name „argentum" bedeutet weiß.

Geschichte: Silber ist eines der ältesten vom Menschen verwendeten Metalle, es hatte und hat große Bedeutung. Silber war Zahlungsmittel, jetzt fand es Eingang in moderne Technologien. Schönes Silbergerät ist schon aus den Grabstätten der chaldäischen Tempel bekannt (4. Jahrtausend v. Chr.), in den Gräbern der ägyptischen Pharaonen bildete es jedoch die Ausnahme. In Persien war Silber beliebt, alte Silbergruben bestanden in Griechenland und Hispanien (dem heutigen Spanien). Phönizier, Karthager und später auch die Römer förderten dieses Metall. Es wurde in Mitteleuropa und in Südamerika abgebaut. Dem Silber schrieb man große Macht und Heilkraft zu (man denke an das „Silberwasser"). Es wurde festgestellt, daß Wasser, in das man Silber eintaucht, antibakterielle Wirkung hat.

Farbe: Silbrigweiß, oft matt und schwarz • **Transparenz:** Undurchsichtig • **Glanz:** Metallglanz • **Bruch:** Hakig, zackig • **Spaltbarkeit:** Keine • **Härte:** 2,5–3, schmiedbar • **Strichfarbe:** Weiß, glänzend • **Dichte:** 9,2–12,0 • **Brechungsindex:** Keiner • **Doppelbrechung:** Keine • **Dispersion:** Keine • **Pleochroismus:** Fehlt • **Lumineszenz:** Keine • **Chemismus:** Beimischungen von Au, Hg, Bi, Sb, Cu, As u. a. • **Besondere Merkmale:** Schmiedbarkeit und elektrische Leitfähigkeit • **Veredelung:** Durch Zugabe anderer Metalle ändern sich die Eigenschaften.

Chakra: Elementarchakra.
Wirkung auf den Körper: Verhindert vorzeitiges Altern, dämpft Aufregung und stillt Kummer.
Pflege des Metalls: In lauwarmem Wasser entladen.
Genese: Hydrothermal, hypergen, Sedimente.
Vorkommen: An vielen Orten in den USA. Im Staat Arizona wurden Silberstücke gefunden, die bis zu 1350 kg wogen. Silber kommt in Nevada, Michigan und Alaska vor, ebenso in Kanada in der Provinz Ontario und in den Nordwestterritorien

Silber, Höhe 74 mm. Batopilas, Mexiko.

Silber, Höhe 103 mm. Kongsberg, Norwegen.

(im Gebiet des Großen Bärensees). Ein bedeutender Silberproduzent ist Mexiko, von hier wird das Metall schon seit dem 16. Jahrhundert nach Europa ausgeführt. Berühmt sind die Lagerstätten Guanajuato, El Oro und Batopilas. Silber wird auch in Bolivien, Peru und Chile abgebaut. In der bekanntesten Silbergrube Cerro de Pasco in Peru wird die Förderung seit dem 17. Jahrhundert betrieben. Andere, gleichfalls bedeutsame Silbervorkommen befinden sich in Australien, Japan und vor allem in Rußland (Altai-Gebirge) und Kasachstan. Außerdem wurde Silber in Deutschland (z.B. in Schneeberg, bis 40 cm lange Silberdrähte, Freiberg, Mansfeld, St. Andreasberg, Wittichen, Wieden), in Böhmen (bekannt waren Jáchymov, Příbram, Kutná Hora, Jihlava) in der Slowakei (Banská Št'iavnica) und in Norwegen (in Kongsberg bis zu 100 kg schwere Silberblöcke) gefördert. Silber kam auch in Schweden (Sala) und Frankreich (Ste. Marie-aux-Mines) vor und wurde dort abgebaut.

Bearbeitung: Goldschmiedehandwerk, Ziergegenstände, kleine Gebrauchsgegenstände, Versilberungen. Die frühere Einheit für den Feingehalt war das Lot. Silber wird meist in Legierungen mit Kupfer verarbeitet; ebenso wird es Goldlegierungen zugesetzt. In der Vergangenheit war es ein bedeutendes Zahlungsmittel (und ist es zum Teil heute noch).

Ähnliche Metalle: Platin.

Imitationen: Andere Metalle.

Identifikation: Dichte, Härte.

Empfehlung: Weich, vor Abrieb schützen.

TEKTITE

Quarzglas (75 %)
+ Al, Fe, Ca, Na, K, Mg, Ti, Mn

Benennung nach dem griechischen „tektos" – geschmolzen, angeschmolzen.

Geschichte: Wie archäologische Funde beweisen, sind Tektite dem Menschen schon seit prähistorischer Zeit bekannt. Sie wurden als Rohstoffe zur Anfertigung von Arbeitsgeräten, später für Amulette verwendet. Die ältesten Funde stammen aus der Steinzeit (Paläolithikum).
Astrologie: Zwillinge.
Chakra: Herz.
Wirkung auf den Körper: Tektite besitzen ein erhebliches energetisches Potential.
Pflege der Steine: In lauwarmem Wasser entladen.
Genese: Unklar, eventuell erstarrte Gesteinsschmelzen nach Einschlägen von Meteoriten.

Farbe: Grün, braungrün, schwarzgrün, olivgrün, schwarz, manchmal auch gelb, weiß, selten mehrfarbig • **Transparenz:** Durchsichtig bis undurchsichtig • **Glanz:** Glasglanz, Fettglanz, matt • **Bruch:** Muschelig • **Spaltbarkeit:** Keine • **Härte:** 5,5–6,5, spröde • **Strichfarbe:** Weiß • **Dichte:** 2,21–2,96 • **Brechungsindex:** 1,470–1,540 • **Doppelbrechung:** Keine • **Dispersion:** Keine • **Pleochroismus:** Fehlt • **Lumineszenz:** Keine • **Chemismus:** Oft Beimischungen von Al, Fe, Ca, Na, K, Mg, Ti u.a. • **Besondere Merkmale:** Markanter fluidaler Bau, oft mit Oberflächenskulptur, oft Gasinklusionen • **Veredelung:** Oberflächenbearbeitung durch Ätzen mit Säuren.

Vorkommen: Verhältnismäßig häufig. Die bekanntesten Tektite stammen aus der Tschechischen Republik, wo sie vor allem im Gebiet der Moldau vorkommen. Sie heißen deshalb „Moldavite" und wurden 1788 entdeckt. Aus Südböhmen und Südwestmähren sind Tektite von zahlreichen Fundorten bekannt. Äußerlich unterscheiden sie sich voneinander in der Form, der Farbe (dem Farbton), der Größe und der Oberflächenskulptur. Es wird ein Zusammenhang mit dem Meteoritenkrater Nördlinger Ries in Deutschland vermutet. Sie haben ein Gewicht von ungefähr 8 g, vereinzelt

Verschiedenfarbige geschliffene Tektite (Moldavite). Der große geschliffene Stein (45 ct) stammt aus Radomilice in der Tschechischen Republik. In der Mitte unten sogenanntes „Libysches Glas" aus Ägypten.

Verschiedene typische Tektitformen (Moldavite) aus Südböhmen. Der größte Stein (56 mm) stammt aus Dobrkovská Lhotka, Tschechische Republik.

bis zu 110 g. Die bekanntesten Fundorte sind Besednice, Ločenice, Habří, Kamenný Újezd und Slavče. Moldavite sind in den Sedimenten des oberen Miozäns, aber auch in jüngeren Ablagerungen enthalten. In Mähren sind Moldavite dunkler, weniger durchsichtig und besitzen eine flachere Skulptur. Sie sind jedoch größer – bis zu 260 g. Die bekanntesten mährischen Fundorte sind Kojatice, Slavice, Štěpánovice, Slavětice, Mohelno und Dukovany. Seltener wurden Moldavite in Deutschland bei Dresden und in Österreich entdeckt.

In Asien treten Tektite in Vietnam, Kambodscha und Laos auf (Indochina, daher die Bezeichnung **Indochinit**). Sie sind schwarzgrün und haben eine flachere Skulptur, vereinzelt erreichen sie ein Gewicht bis zu 3 kg. Auf der malaiischen Halbinsel und den Inseln Banak, Billiton und Sumatra wird **Billitonit** gefunden, auf den Philippinen **Philippinit** oder **Rizalit**, auf Java **Javait**. Diese Steine sind schwarz. Selten treten sie auch in Kasachstan auf (**Irgizit**). Australien hat **Australit**, die Insel Tasmanien das sogenannte **Darwinglas**, das heller ist und sich für Facettenschliff eignet. Auf dem amerikanischen Kontinent kommen Tektite vor allem in den USA vor, und zwar in Texas (schwarzer **Bediasit**) und Georgia (dunkelgrüner **Georgianit**). Auch in Peru und Kolumbien werden Tektite erwähnt. Afrika beherbergt Tektite in Libyen und Ägypten. Sie sind hell gelb bis gelbgrün und bis zu 5 kg schwer. Hier heißen sie **Libysches Glas** und eignen sich für den Facettenschliff.

Bearbeitung: Facettenschliff, Cabochons, meist aber bleibt die Naturform.

Ähnliche Mineralien: Obsidian, Verdelith.

Imitationen: Glas, Schlacke.

Identifikation: Härte, Dichte, optisch.

Empfehlung: Wärmeempfindlich, Reinigung mit Ultraschall oder Seifenwasser, nicht mit Dampf. Bei heftigen Temperaturschwankungen platzen Tektite, sie schmelzen bei verhältnismäßig niedrigen Temperaturen.

Moldavit mit Luftblase, 33,35 ct. Radomilice, Tschechische Republik.

6

OBSIDIAN

(Vulkanglas)

Benennung nach dem Römer Obsius, der das Mineral von Äthiopien nach Rom brachte.

Geschichte: Schon früh, vor allem im Paläolithikum und Neolithikum, nutzte der Mensch den Obsidian zur Herstellung von Arbeitsinstrumenten (Schabern, Messern, Speerspitzen). Erst später verwendete man ihn auch als Schmuckstein. Die ältesten Funde reichen über 9000 Jahre zurück und stammen aus Mesopotamien.
Astrologie: Skorpion.
Chakra: Elementarchakra.
Pflege des Steins: In lauwarmem Wasser entladen.

Schneeflockenobsidian, USA.

Obsidian, Armenien.

Farbe: Schwarz, grau, schwarzbraun, bläulich, grünlich, manchmal mit silbrigen oder goldenen Reflexen, es ist Obsidian mit kleinen weißen Cristobalitkristallen („Schneeflockenobsidian"), ebenso mit Regenbogenfarben bekannt • **Transparenz:** Durchscheinend, undurchsichtig • **Glanz:** Glasglanz • **Bruch:** Muschelig • **Spaltbarkeit:** Keine • **Härte:** 5–6, sehr spröde • **Strichfarbe:** Weiß • **Dichte:** 2,3–3,0 • **Brechungsindex:** 1,48–1,51 • **Doppelbrechung:** Keine • **Dispersion:** 0,010 • **Pleochroismus:** Fehlt • **Lumineszenz:** Keine • **Chemismus:** Beimischungen verschiedener Elemente und Inklusionen anderer Minerale, oft treten Gas- und Flüssigkeitsinklusionen auf • **Besondere Merkmale:** Irisieren, Katzenaugeneffekt • **Veredelung:** Nicht bekannt.

Wirkung auf den Körper: Beeinflußt die gesamte Psyche positiv.
Genese: Vulkanite.
Vorkommen: Der Obsidian kommt in der Natur oft in vulkanischen Gebieten vor. Bekannt sind Funde aus den USA. Besonders geschätzt sind Obsidiane aus den Staaten Utah (***Schneeflockenobsidian***), Arizona, New Mexico (***Apachentränen***) und Oregon (irisierende Steine aus dem Gebiet Glass Butte). Sie lagern auch in Kalifornien, Wyoming und auf den Hawaii-Inseln (hier ist es der sogenannte ***Tachylit***, Basaltglas). Bedeutende Lagerstätten befinden

Obsidian mit Luftblasen, Treppenschliff, 59 ct. Armenien.

Speerspitzen aus Obsidian, Länge 75 mm. Mexiko. Geschliffene Obsidiane, sogenannte „Apachentränen", 10 ct. Arizona, USA.

sich in Mexiko. Hier werden seit langem verschiedene Varietäten im Gebiet der Sierra de los Navayas in Hidalgo, Jalisco und Querétaro gefördert. Weitere Vorkommen sind aus Guatemala, Nicaragua und Ecuador bekannt. Auf dem afrikanischen Kontinent werden Obsidiane vor allem in Äthiopien gefunden. Auch in Asien liegen zahlreiche Fundstellen, vor allem in Japan. In Europa findet man Obsidiane in der Slowakei (Zempliner Bergland), in Ungarn (Gebiet von Patházy), in Italien (auf den Liparischen Inseln) und auf Island.

Bearbeitung: Facettenschliff, Cabochons, Glypten.
Ähnliche Mineralien: Tektite.
Imitationen: Glas.
Identifikation: Kompliziert.
Empfehlung: Wärmeempfindlich, nicht mit Dampf reinigen, schmilzt bei verhältnismäßig niedriger Temperatur.

Regenbogenobsidian, Breite 90 mm. Aus Mexiko.

GESTEINE

Geschichte: Schmuck- und Ziergegenstände aus Gesteinen sind seit prähistorischer Zeit bekannt. Zunächst wurden einige Gesteine zur Herstellung einfacher Waffen und Geräte verwendet, später zur Anfertigung von Dekorations- und Gebrauchsgegenständen u.ä. Zu verschiedenen Zeiten waren verschiedene Gesteine beliebt.

Genese: In der Natur treten Gesteine nach ihrem Ursprung im wesentlichen in dreierlei Form auf, als Eruptivgesteine (sie kristallisierten aus Magma) wie Granite, Granodiorite, Diorite, Syenite, Gabbro, Dolerite, Norite, Dunite, Serpentinite; hierher gehören auch die Ergußgesteine – Rhyolithe, Trachyte, Dazire, Andesite, Basalte u.ä. Metamorphe Gesteine (entstanden durch die Umwandlung schon bestehender Gesteine): Schiefer, Phyllite, Glimmerschiefer, Gneise, Migmatite, Amphibolite, Marmore, Hornsteine, Skarne, Eklogite u.ä. Sedimentgesteine (an der Erdoberfläche aus Ablagerungen entstanden): Konglomerate, Sandsteine, Tonsteine, Grauwacke, Arkose, Mergel, Kalksteine, Travertine u.ä.

Vorkommen: Wir führen hier nur Gesteine an, die zur Herstellung von Zier- und Gebrauchsgegenständen, selten auch zur Anfertigung von Schmuck verwendet werden.

Von den Eruptivgesteinen bietet der Markt zeitweilig basische Syenite aus Grönland und Rußland (Halbinsel Kola) an, Chibinite, Kakortokite, Larvikite u.a. (aus Norwegen, Finnland, den USA). Selten treten auch „Amazonitgranite" auf, die aus der Mongolei, Libyen, den USA und Kanada stammen. Noch seltener finden Peridotite aus Rußland, Marokko, der Republik Südafrika und Oman Verwendung. Von den Ganggesteinen bearbeiteten die Ägypter und Römer Dioritporphyrit und die Griechen Gabbroporphyrit. Oft werden Aplite und Pegmatite verwendet, die aus Rußland, der Ukraine, Norwegen und den USA kommen. Grönland und die Republik Südafrika besitzen Unakit.

Farbe: Sehr variabel, meist in grauen, bräunlichen, grünlichen Farbtönen. Manchmal sind sie aufgrund ihrer mineralischen Zusammensetzung bunt gefärbt. Im allgemeinen treten basische und ultrabasische Gesteine in grünen bis grünschwarzen Farbtönen auf, während sauere Gesteine heller sind, grauweiß, rosa, oft mit markanten Auswüchsen der gesteinsbildenden Minerale. Metamorphe Gesteine sind meist graugrün bis dunkelgrün, während sedimentäre Gesteine verschiedene Gelb- bis Gelbbrauntöne aufweisen • **Transparenz:** Undurchsichtig • **Glanz:** Meistens matt • **Bruch:** Uneben, gezackt, hakig, splittrig usw. • **Spaltbarkeit:** Besteht nur als Teilbarkeit oder Absonderung entlang den Schichtlinien oder Gesteinsklüftungen • **Härte:** Sehr variabel und von der mineralischen Zusammensetzung abhängig (z.B. Tonsteine ca. 1–2, Eklogite und andere Metamorphite ca. 6–7).

Granit, Liberec, Tschechische Republik.

Buchstabenpegmatit, Dolní Bory, Tschechische Republik.

Kalkstein mit fossilen Resten, China.

Marmor, Italien.

Von den metamorphen Gesteinen sind irisierende Ortho-Amphibolite aus den USA (Wyoming), Grönland (ähnliche „Rummite") und aus Tansania („Zoisit-Amphibolit" mit großen Rubinen, der auch „Aniolit" genannt wird) bekannt. Oft verarbeitet werden unter anderem die Eklogite, Wollastonit-Skarne, Diopsid-Skarne, Granat-Skarne. Größte Verwendung finden jedoch die Marmore aus Italien (z.B. Carraramarmor, Ruinenmarmor), Griechenland, Deutschland, Belgien, Frankreich, der Tschechischen Republik, den USA, Kuba, Algerien und Marokko. Ebenfalls bekannt sind die nahestehenden Ophitcalcite aus Griechenland, Rußland und Italien. Desgleichen haben der Hydrogrossular aus der Republik Südafrika sowie die Jaspilite und Porzellanite aus Rußland und der Tschechischen Republik Bedeutung.
Verschiedene Sedimentgesteine, vor allem Kalkstein, werden in sehr vielen Bereichen eingesetzt.

Bearbeitung: Tafelschliff, Cabochons, kleine Schmuck- und Gebrauchsgegenstände.

Ruinenmarmor, Italien

Porzellanit, Komňa, Tschechische Republik.

Wollastonit-Skarn, Dalnjegorsk, Rußland.

Handel und Bewertung

Der Handel mit Edelsteinen wird wohl schon seit Menschengedenken betrieben. Das belegen archäologische Funde von bestimmten Edelsteintypen völlig abseits ihrer ursprünglichen Lagerstätten. Als Beispiel sei die Verbreitung des Bernsteins genannt, der auf sogenannten „Bernsteinstraßen" von den Fundorten im Ostseeraum weit nach Süden gelangte. Ähnlich ist es mit der Verbreitung der Diamanten, Saphire und Rubine im Mittleren Osten und in Europa, die Steine stammen nachweisbar von Lokalitäten in Asien. Die Handelsaktivitäten wurden immer von der politischen Stabilität jener Gebiete beeinflußt, durch die die Handelswege führten. Einen großen Fortschritt im allgemeinen Handel und die Erweiterung des Edelsteinsortiments brachte die Entwicklung der Seefahrt im Mittelalter mit sich. Dadurch öffneten sich für Europa die bedeutenden, in dieser Zeit nur mittelbar bekannten klassischen Lagerstätten in Asien, Amerika, Afrika und Australien. Gleichzeitig wurden unter dem Einfluß des Zustroms von Prospektoren aus der Alten Welt zahlreiche neue Fundstellen erschlossen (in Afrika, Brasilien, Australien), die sofort mit dem Edelsteinmarkt in Verbindung gerieten.

Bei der Bewertung der Edelsteine sind die Größe (das Gewicht), die Farbe (Sattheit, Zonenbildung, Veränderungen), Durchsichtigkeit bzw. Transparenz (Reinheit, Unversehrtheit, Inklusionen, Verwachsungen) sowie Typ und Vollkommenheit des Schliffs entscheidend. Wesentliche Bedeutung kommt auch der Mode und der Gesamtsituation des Markts zu.

Abkürzungen bei der Klassifikation von Edelsteinen

Reinheit

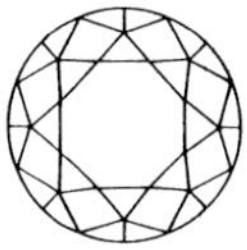

IF
Ohne jeglichen Schaden, auch bei der Betrachtung mit einer 10x vergrößernden Lupe

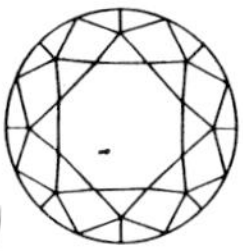

VVS
Vereinzelte, mit der Lupe nur schwer wahrnehmbare Einschlüsse und Defekte

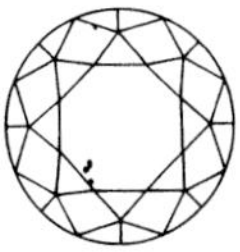

VS
Nur mit der Lupe wahrnehmbare Einschlüsse und Defekte

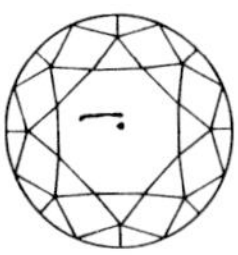

SI
Kleine Einschlüsse und Defekte, die ohne Lupe zu identifizieren sind

P1
Zahlreiche Einschlüsse und Defekte, mit bloßem Auge, aber nur schwer wahrnehmbar

P2
Zahlreiche Einschlüsse und Defekte sind mit bloßem Auge sichtbar und beeinträchtigen die Brillanz

P3
Dichte Anhäufungen von Einschlüssen und Defekten beeinträchtigen die Brillanz markant

Farbe

B Blau
BG Blaugrün
GB Grünblau
G Grün
GY Grüngelb

YG Gelbgrün
Y Gelb
YR Gelbrot
RY Rotgelb
R Rot

RP Rotpurpur
PR Purpurrot
P Purpur
PB Purpurblau
BP Blaupurpur

Farbintensität

VP sehr hell
P hell

ML mittelhell
M mittel

MD mitteldunkel
D dunkel

VD sehr dunkel
O undurchsichtig

Qualität des Schliffs

A sehr gut
B gut
C mittel
D schlecht

Wirkliche Größe (Durchmesser) und Gewicht von Diamanten mit Brillant-Vollschliff

2,58 mm	3,25 mm	4,10 mm	5,15 mm	6,50 mm	7,50 mm	8,20 mm	9,35 mm
0,10 ct	0,20 ct	0,25 ct	0,50 ct	1,00 ct	1,50 ct	2,00 ct	3,00 ct

Raritäten, synthetische Edelsteine, Imitationen

Die vorgelegte Kollektion von Edelsteinen ist eine Auswahl der grundsätzlichen und bekanntesten Typen von Edelsteinen. Auf den Markt gelangen natürlich noch andere hier nicht genannte Steine, die oft nur für ein bestimmtes Gebiet typisch sind. Für Sammelzwecke werden vor allem in neuerer Zeit auch andere Mineralien und Gesteine bearbeitet. In vielen Fällen handelt es sich dabei um so seltene Minerale, daß nur wenige Exemplare erworben werden konnten. Oder aus einer großen Materialmenge eignet sich nur ein sehr kleiner Rohstoffanteil zur Bearbeitung, die in Anbetracht der Eigenschaften (Wärmeempfindlichkeit, Spaltbarkeit usw.) häufig ein spezielles Schleifverfahren erfordert. Die meisten auf diese Weise gewonnenen Edelsteine werden dann der Gruppe „Raritäten" zugeordnet.

Die Übersicht auf der gegenüberliegenden Seite nennt einige solcher Raritäten. Sie sind, so wie die Mineralien im gesamten Buch, entsprechend ihrer Härte geordnet.

Seltene Mineralien – Raritäten

Taaffeit	Hypersthen	Magnesit
Painit	Tremolith	Siderit
Hambergit	Aktinolith	Zinkit
Grandidierit	Smaragdit	Shattuckit
Dumortierit	Nosean	Chrysotil
Sapphirin	Hauyn	Howlith
Kassiterit	Nephelin	Euchroit
Boracit	Cancrinit	Adamin
Jeremejewit	Datolith	Mimetesit
Vesuvian	Eudialyt	Vanadinit
Cyprin	Hemimorphit	Pyromorphit
Tephroit	Willemit	Skorodit
Zoisit	Natrolith	Wulfenit
Klinozoisit	Pektolith	Celestin
Prehnit	Ekanit	Anhydrit
Sillimanit	Stibiotantalit	Baryt
Tantalit	Skorzalith	Anglesit
Chondrodit	Beryllonit	Witherit
Klinohumit	Herderit	Dolomit
Milarit	Durangit	Cerussit
Petalit	Anatas	Sepiolith
Ägirin	Brookit	Fuchsit
Diaspor	Goethit	Kämmererit
Hyalophan	Psilomelan	Lepidolith
Pollucit	Magnetit	Vivianit
Helvin	Nickelin	Krokoit
Periklas	Wollastonit	Proustit
Sinhalit	Tugtupit	Speckstein
Rutil	Apophyllit	Selenit
Dioptas	Libethenit	Stichtit
Titanit	Pseudomalachit	Graphit
Enstatit	Purpurit	Schwefel
Bronzit	Scheelit	Gagat
	Colemanit	

Zur Gruppe der Edelsteine gehören zweifellos auch die synthetischen Edelsteine. Hierbei unterscheidet man Steine, deren chemische Zusammensetzung mit dem natürlichen Äquivalent übereinstimmt, von solchen, die einstweilen in der Natur keine Analogie finden. Zur ersten Gruppe gehören z.B. Diamant, Periklas, Korund, Spinell, Rutil, Kassiterit, Scheelit, Quarz, Opal, Alexandrit, Smaragd, Zirkon, Spodumen, Malachit, Türkis und Koralle. Zur zweiten zählen etwa Fianit, Yttriumoxid, YAG, Galliant, Yttriumaluminat, Fabulit, Linobat (ein Lithium-Niobat) und Lithium-Antalat.

Zahlreiche weitere Materialien bilden schließlich die umfangreiche Gruppe der Edelsteinimitationen. Dies gilt unter anderem für Glas, Bakelit, Polyamid, Zelluloid, Perspex, Polystyren und verschiedene Glasuren.

Register

Die Seitenzahlen ausführlich beschriebener Arten und Varietäten sind halbfett gedruckt.

Weiterführende Literatur

Arem, J. E., 1987: **Color Encyclopedia of Gemstones.** Van Nostrand Reinhold Co., New York.

Bank, H., 1981: **Aus der Welt der Edelsteine.** Pinguin Verlag, Innsbruck.

Bell, P. und D. Wright, 1987: **Gesteine und ihre Mineralien finden und bestimmen.** Franckhsche Verlagshandlung, Stuttgart.

Duda, R. und L. Rejl, 1997: **Edelsteine.** Handbuch und Führer für den Sammler. Naturbuch, Augsburg.

Eid, A. und M. Viard, 1996: **Die Welt der Edelsteine und Mineralien.** Karl Müller, Erlangen.

Günther, B., 1988: **Bestimmungstabellen für Edelsteine, Synthesen, Imitationen.** E. Lenzen, Kirschweiler.

Hall, C., 1996: **Edelsteine.** Ravensburger, Ravensburg.

Lenzen, G., B. Günther und W. Grün, 1984: **Edelsteinbestimmung mit gemmologischen Geräten.** E. Lenzen, Kirschweiler.

Schumann, W., 1995: **Edelsteine und Schmucksteine.** Alle Edel- und Schmucksteine der Welt. BLV, München.

Woolley, A. R., A. C. Bishop und W. R. Hamilton, 1990: **Der Kosmos-Steinführer. Minerale, Gesteine, Fossilien.** Franckh-Kosmos, Stuttgart.

Zeitschriften

Lapis. Christian Weise Verlag, München.

Mineralien-Welt. Bode Verlag, Haltern.

Schweizer Strahler. Hrsg. von der Schweizerischen Vereinigung der Strahler und Mineraliensammler, Bern.

Zeitschrift der Deutschen Gemmologischen Gesellschaft. Idar-Oberstein.

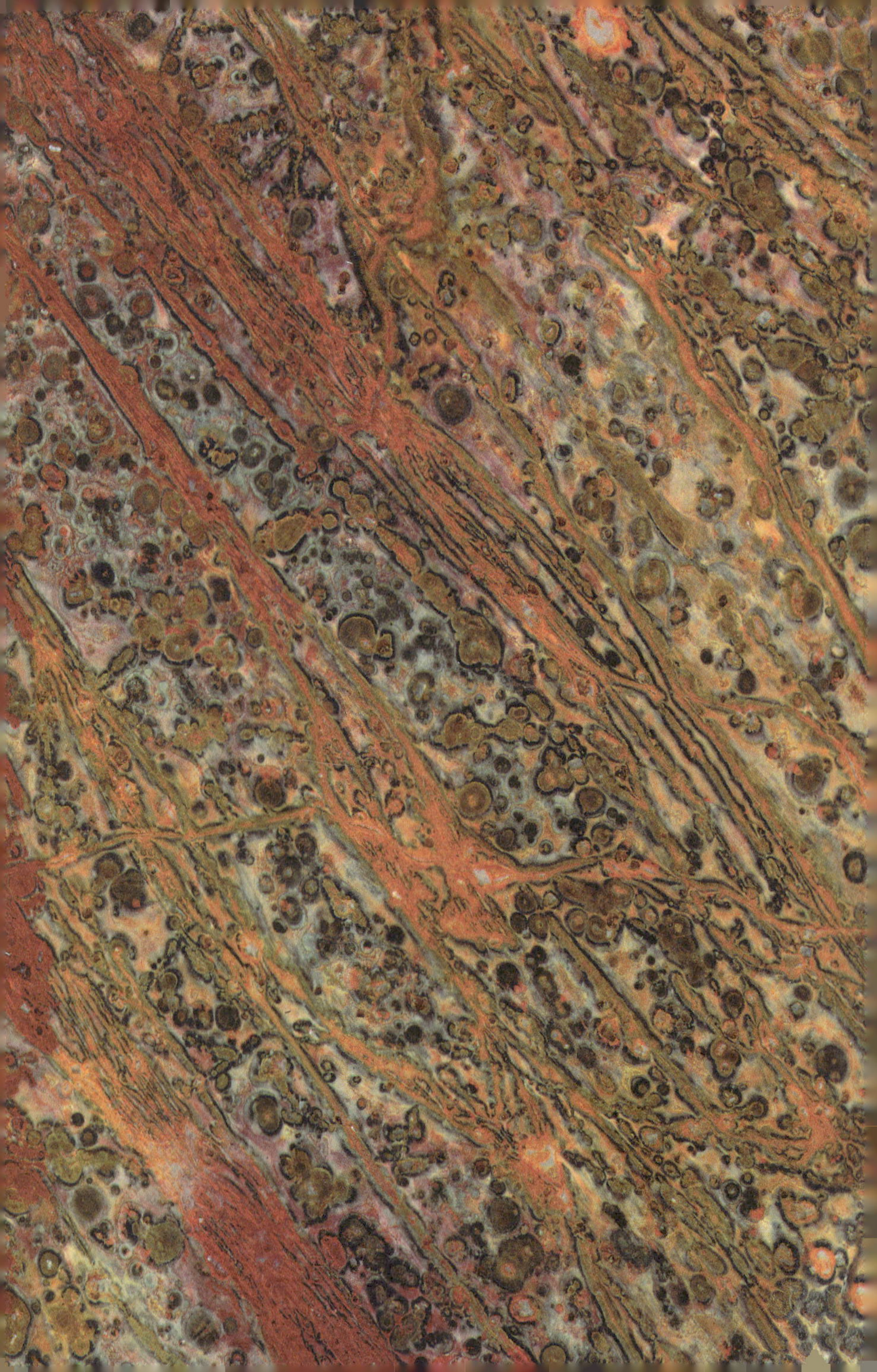